海上絲綢之路基本文獻叢書

幾何原本（三）

〔意〕利瑪竇 口譯／〔明〕徐光啓 筆受

文物出版社

圖書在版編目（CIP）數據

幾何原本．三／（意）利瑪竇口譯；（明）徐光啓筆受．-- 北京：文物出版社，2023.3
（海上絲綢之路基本文獻叢書）
ISBN 978-7-5010-7932-2

Ⅰ．①幾… Ⅱ．①利… ②徐… Ⅲ．①歐氏幾何 Ⅳ．①O181

中國國家版本館 CIP 數據核字（2023）第 026242 號

海上絲綢之路基本文獻叢書

幾何原本（三）

譯　　者：〔意〕利瑪竇
策　　劃：盛世博閱（北京）文化有限責任公司

封面設計：鞏榮彪
責任編輯：劉永海
責任印製：王　芳

出版發行：文物出版社
社　　址：北京市東城區東直門内北小街 2 號樓
郵　　編：100007
網　　址：http://www.wenwu.com
經　　銷：新華書店
印　　刷：河北賽文印刷有限公司
開　　本：787mm×1092mm　1/16
印　　張：11.25
版　　次：2023 年 3 月第 1 版
印　　次：2023 年 3 月第 1 次印刷
書　　號：ISBN 978-7-5010-7932-2
定　　價：90.00 圓

總緒

海上絲綢之路，一般意義上是指從秦漢至鴉片戰争前中國與世界進行政治、經濟、文化交流的海上通道，主要分爲經由黄海、東海的海路最終抵達日本列島及朝鮮半島的東海航綫和以徐聞、合浦、廣州、泉州爲起點通往東南亞及印度洋地區的南海航綫。

在中國古代文獻中，最早、最詳細記載『海上絲綢之路』航綫的是東漢班固的《漢書·地理志》，詳細記載了西漢黄門譯長率領應募者入海『齎黄金雜繒而往』之事，書中所出現的地理記載與東南亞地區相關，并與實際的地理狀况基本相符。

東漢後，中國進入魏晋南北朝長達三百多年的分裂割據時期，絲路上的交往也走向低谷。這一時期的絲路交往，以法顯的西行最爲著名。法顯作爲從陸路西行到印度，再由海路回國的第一人，根據親身經歷所寫的《佛國記》（又稱《法顯傳》）一書，詳細介紹了古代中亞和印度、巴基斯坦、斯里蘭卡等地的歷史及風土人情，是瞭解和研究海陸絲綢之路的珍貴歷史資料。

隨着隋唐的統一，中國經濟重心的南移，中國與西方交通以海路爲主，海上絲綢之路進入大發展時期。廣州成爲唐朝最大的海外貿易中心，朝廷設立市舶司，專門管理海外貿易。唐代著名的地理學家賈耽（七三〇～八〇五年）的《皇華四達記》記載了從廣州通往阿拉伯地區的海上交通『廣州通海夷道』，詳述了從廣州港出發，經越南、馬來半島、蘇門答臘島至印度、錫蘭，直至波斯灣沿岸各國的航綫及沿途地區的方位、名稱、島礁、山川、民俗等。譯經大師義净西行求法，將沿途見聞寫成著作《大唐西域求法高僧傳》，詳細記載了海上絲綢之路的發展變化，是我們瞭解絲綢之路不可多得的第一手資料。

宋代的造船技術和航海技術顯著提高，指南針廣泛應用於航海，中國商船的遠航能力大大提升。北宋徐兢的《宣和奉使高麗圖經》詳細記述了船舶製造、海洋地理和往來航綫，是研究宋代海外交通史、中朝友好關係史、中朝經濟文化交流史的重要文獻。南宋趙汝适《諸蕃志》記載，南海有五十三個國家和地區與南宋通商貿易，形成了通往日本、高麗、東南亞、印度、波斯、阿拉伯等地的『海上絲綢之路』。宋代爲了加强商貿往來，於北宋神宗元豐三年（一〇八〇年）頒布了中國歷史上第一部海洋貿易管理條例《廣州市舶條法》，并稱爲宋代貿易管理的制度範本。

元朝在經濟上採用重商主義政策，鼓勵海外貿易，中國與世界的聯繫與交往非常頻繁，其中馬可·波羅、伊本·白圖泰等旅行家來到中國，留下了大量的旅行記，記録元代海上絲綢之路的盛况。元代的汪大淵兩次出海，撰寫出《島夷志略》一書，記録了二百多個國名和地名，其中不少首次見於中國著録，涉及的地理範圍東至菲律賓群島，西至非洲。這些都反映了元朝時中西經濟文化交流的豐富内容。

明、清政府先後多次實施海禁政策，海上絲綢之路的貿易逐漸衰落。但是從明永樂三年至明宣德八年的二十八年裏，鄭和率船隊七下西洋，先後到達的國家多達三十多個，在進行經貿交流的同時，也極大地促進了中外文化的交流，這些都詳見於《西洋蕃國志》《星槎勝覽》《瀛涯勝覽》等典籍中。

關於海上絲綢之路的文獻記述，除上述官員、學者、求法或傳教高僧以及旅行者的著作外，自《漢書》之後，歷代正史大都列有《地理志》《四夷傳》《西域傳》《外國傳》《蠻夷傳》《屬國傳》等篇章，加上唐宋以來衆多的典制類文獻、地方史志文獻，集中反映了歷代王朝對於周邊部族、政權以及西方世界的認識，都是關於海上絲綢之路的原始史料性文獻。

海上絲綢之路概念的形成，經歷了一個演變的過程。十九世紀七十年代德國地理學家費迪南·馮·李希霍芬（Ferdinad Von Richthofen，一八三三～一九〇五），在其《中國：親身旅行和研究成果》第三卷中首次把輸出中國絲綢的東西陸路稱爲『絲綢之路』。有『歐洲漢學泰斗』之稱的法國漢學家沙畹（Édouard Chavannes，一八六五～一九一八），在其一九〇三年著作的《西突厥史料》中提出『絲路有海陸兩道』，蘊涵了海上絲綢之路最初提法。迄今發現最早正式提出『海上絲綢之路』一詞的是日本考古學家三杉隆敏，他在一九六七年出版《中國瓷器之旅：探索海上的絲綢之路》中首次使用『海上絲綢之路』一詞；一九七九年三杉隆敏又出版了《海上絲綢之路》一書，其立意和出發點局限在東西方之間的陶瓷貿易與交流史。

二十世紀八十年代以來，在海外交通史研究中，『海上絲綢之路』一詞逐漸成爲中外學術界廣泛接受的概念。根據姚楠等人研究，饒宗頤先生是中國學者中最早提出『海上絲綢之路』的人，他的《海道之絲路與昆侖舶》正式提出『海上絲路』的稱謂。選堂先生評價海上絲綢之路是外交、貿易和文化交流作用的通道。此後，學者馮蔚然在一九七八年編寫的《航運史話》中，也使用了『海上絲綢之路』一詞，此書更多地限於航海活動領域的考察。一九八〇年北京大學陳炎教授提出『海上絲綢之路』研究，并於一九八一年發表《略論海上絲綢之路》一文。他對海上絲綢之路的理解超越以往，且帶有濃厚的愛國主義思想。陳炎教授之後，從事研究海上絲綢之路的學者越來越多，尤其沿海港口城市向聯合國申請海上絲綢之路非物質文化遺産活動，將海上絲綢之路研究推向新高潮。另外，國家把建設『絲綢之路經濟帶』和『二十一世紀海上絲綢之路』作爲對外發展方針，將這一學術課題提升爲國家願景的高度，使海上絲綢之路形成超越學術進入政經層面的熱潮。

與海上絲綢之路學的萬千氣象相對應，海上絲綢之路文獻的整理工作仍顯滯後，遠遠跟不上突飛猛進的研究進展。二〇一八年厦門大學、中山大學等單位聯合發起『海上絲綢之路文獻集成』專案，尚在醞釀當中。我們不揣淺陋，深入調查，廣泛搜集，將有關海上絲綢之路的原始史料文獻和研究文獻，分爲風俗物産、雜史筆記、海防海事、典章檔案等六個類別，彙編成《海上絲綢之路歷史文化叢書》，於二〇二〇年影印出版。此輯面市以來，深受各大圖書館及相關研究者好評。爲讓更多的讀者親近古籍文獻，我們遴選出前編中的菁華，彙編成《海上絲綢之路基本文獻叢書》，以單行本影印出版，以饗讀者，以期爲讀者展現出一幅幅中外經濟文化交流的精美畫卷，爲海上絲綢之路的研究提供歷史借鑒，爲『二十一世紀海上絲綢之路』倡議構想的實踐做好歷史的詮釋和注脚，從而達到『以史爲鑒』『古爲今用』的目的。

凡例

一、本編注重史料的珍稀性，從《海上絲綢之路歷史文化叢書》中遴選出菁華，擬出版數百册單行本。

二、本編所選之文獻，其編纂的年代下限至一九四九年。

三、本編排序無嚴格定式，所選之文獻篇幅以二百餘頁爲宜，以便讀者閱讀使用。

四、本編所選文獻，每種前皆注明版本、著者。

五、本編文獻皆爲影印，原始文本掃描之後經過修復處理，仍存原式，少數文獻由於原始底本欠佳，略有模糊之處，不影響閱讀使用。

六、本編原始底本非一時一地之出版物，原書裝幀、開本多有不同，本書彙編之後，統一爲十六開右翻本。

目録

幾何原本（三）

幾何原本（三）

幾何原本（三）

卷六

〔意〕利瑪竇 口譯 〔明〕徐光啓 筆受

明萬曆三十九年增訂本

幾何原本第六卷之首

泰西利瑪竇口譯
吳淞徐光啓筆受

界說六則

第一界

凡形相當之各角等。而各等角旁兩線之比例俱等。爲相似之形

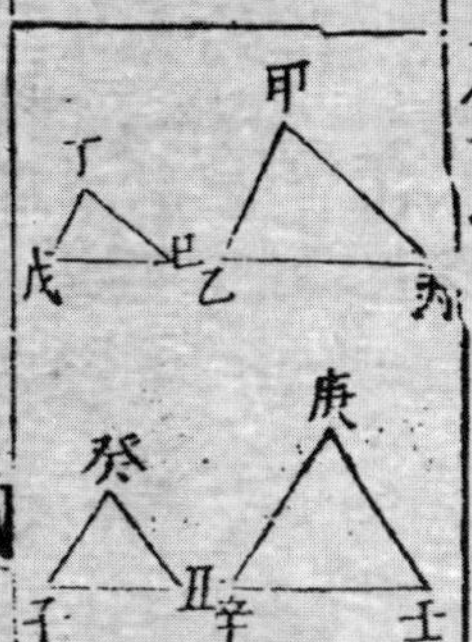

甲乙丙、丁戊己兩角形之甲角、與丁角、等。乙、與戊、丙、與己、各等。其甲角旁之甲乙、與甲丙、兩線之比例若丁角旁之丁

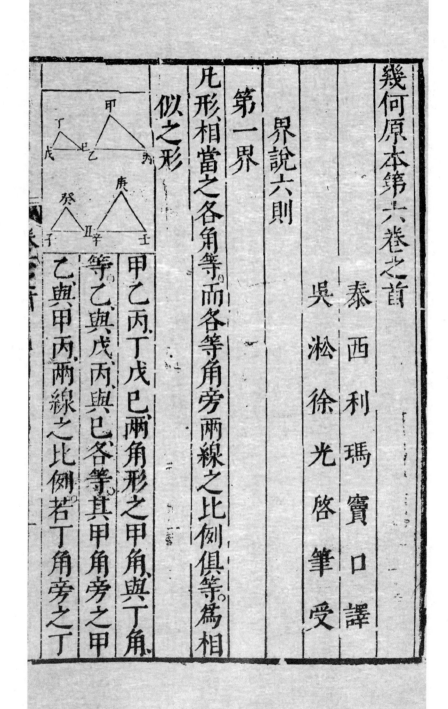

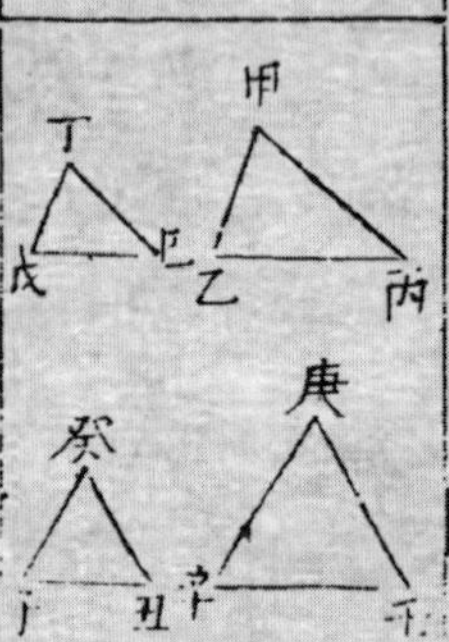

戊、與丁巳、兩線。而甲乙、與乙丙、若丁戊與戊巳、甲丙、與丙乙、若丁巳、與巳戊、則此兩角形爲相似之形。依顯凡平邊形。皆相似之形。如庚辛壬癸子丑。俱平邊角形。其各角俱等。而各邊之比例亦等者。是也。四邊五邊以上諸形。俱做此

第二界

兩形之各兩邊線。互爲前後率。相與爲比例而等。爲互相視之形

甲乙丙丁、戊巳庚辛、兩方形。其甲乙、乙丙、邊。與戊巳巳

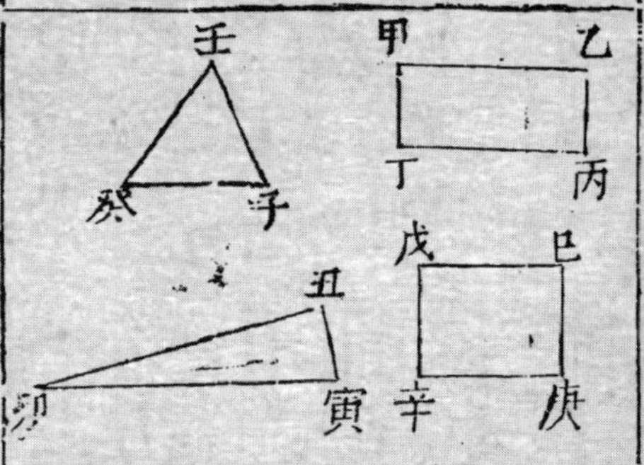

庚邊相與爲比例等。而彼此互爲前後如甲乙與戊巳若巳庚與乙丙也則此兩形爲互相視之形。依顯壬癸子、丑寅卯兩角形之壬子與丑寅若丑卯與壬癸。或壬癸與丑寅若丑卯與壬子。亦互相視之形也

第三界

理分中末線者。一線兩分之。其全與大分之比例若大分與小分之比例

甲乙線。兩分之于丙。而甲乙與大分甲丙之比例若大

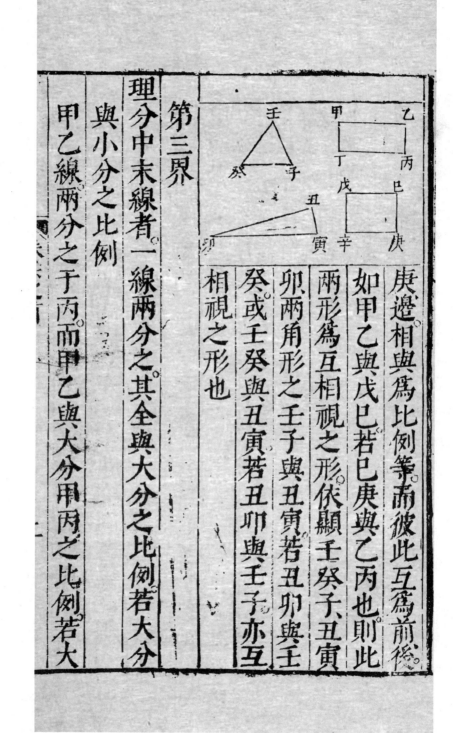

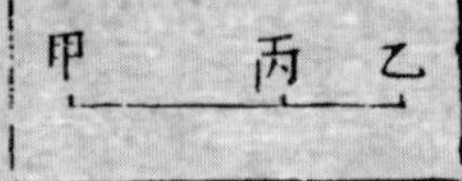

分甲丙與小分丙乙此爲理分中末線其分法見本卷三十題而與二卷十一題理同名異此線爲用甚廣至量體尤所必須十三卷諸題多賴之古人目爲神分線也

第四界

度各形之高皆以垂線之亘爲度

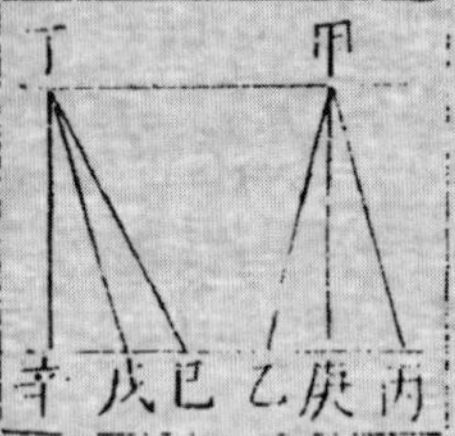

甲乙丙角形從甲頂向乙丙底作甲庚垂線即甲庚爲甲乙丙之高又丁戊巳角形作丁辛垂線即丁辛爲丁戊巳之高若兩形相視兩垂線等即兩形之高必等如上兩形在兩平行線之

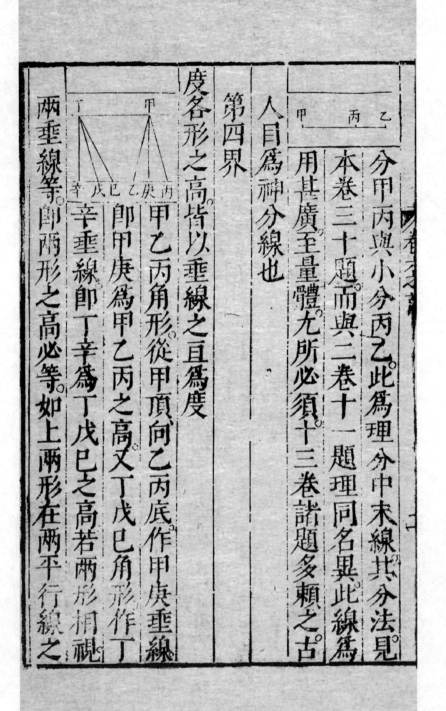

內者是也。若以丙巳、爲頂。以甲乙、丁戊、爲底。則不等

餘諸形之度高倣此

凡度物高、以頂底爲界。以垂線爲度。蓋物之定度。止有一。不得有二。自頂至底。垂線一而已。偏線無數也

第五界

比例以比例相結者。以多比例之命數、相乘除、而結爲一比例之命數

此各比例、不同理、而相聚爲一比例者。則用相結之法。合各比例之命數。求首尾一比例之命數也。曷爲比例之命數。謂大幾何、所倍于小幾何若干。或小幾何、在大

幾何內若干也。如大幾何、四倍于小。或小幾何、爲大四

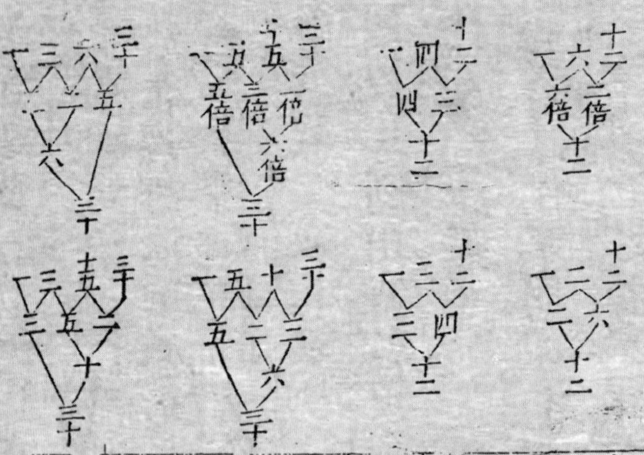

分之一。即各以四爲命比例之數也（五卷界說三）今言以彼多比例之命數、相乘除、而結爲此一比例之命數者。如十二倍之此比例、則以彼二倍、六倍、兩比例相結也。二六相乘、爲十二故也。或以彼三倍、四倍兩比例相結也。三四相乘、亦十二、故也。又如三十倍之此比例、則以彼二倍、三倍、五倍、三比例相結也。

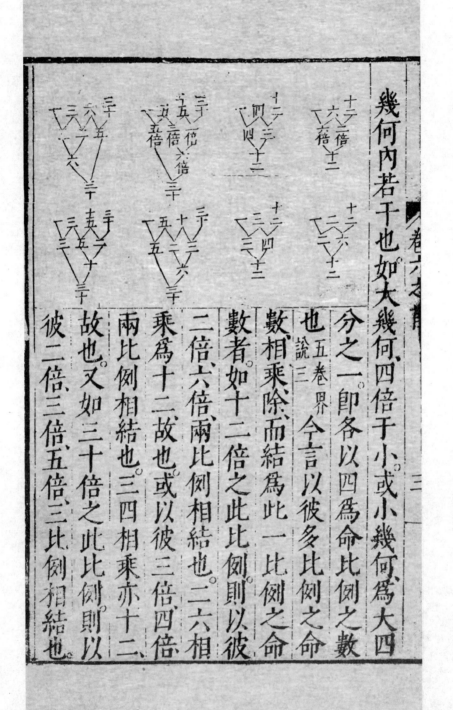

二乘三爲六六乘五爲三十故也
其曰相結者相結之理蓋在中率凡中率爲前比例之後後比例之前故以二比例合爲一比例則中率爲轄合之因如兩扚合此爲之膠如兩襟合此爲之紐矣第五卷第十界言數幾何爲同理之比例則第一與第三爲再加之比例再加者以前中二率之命數再加爲前後二率之命數亦以中率爲紐也但彼所言者多比例同理故止以第一比例之命數累加之此題所言則不同理之多比例不得以第一比例之命數累加之故用此乘除相結之理于不同理之中求其同理別爲累加

之法其紐結之義頗相類焉下文仍發明借象之術以需後用也

五卷言多比例同理者第一與第三爲再加與第四爲三加與第五爲四加以至無窮今此相結之理亦以三率爲始三率則兩比例相乘除而中率爲紐也若四率

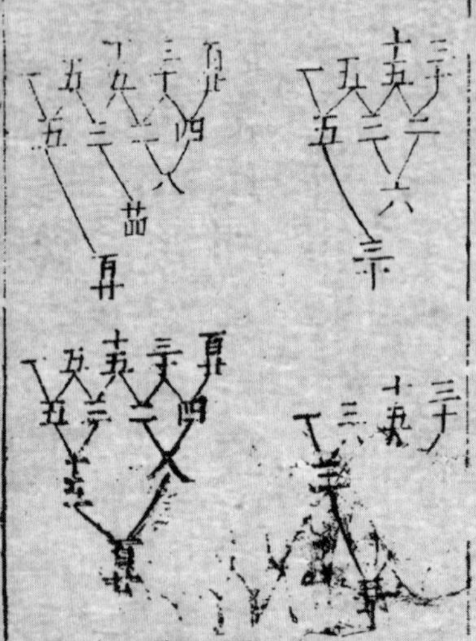

則先以前三率之兩比例相乘而結爲一比例復以此初結例與第三比例乘除相結一比例也若五率則先以前三率之兩比例乘除相結復以

此再結、之比例、與第三比例乘除相結又以三結之比例、與第四比例乘除相結爲一比例也。或以第一第二第三率之兩比例乘除相結。以第三第四第五之兩比例、乘除相結。又以此二所結比例、乘除相結、而爲一比例也。自六以上倣此。以至無窮

設三幾何爲二比例、不同理、而合爲一比例。則以第一與二、第二與三兩比例相結也。如上圖、三幾何、二比例、

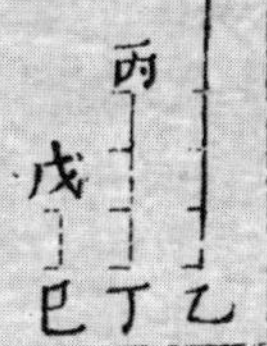

皆以大不等者。其甲乙與丙丁、爲二倍大。丙丁與戊己、爲三倍大。則甲乙與戊己、爲六倍大。二乘三爲六也。若以小不等。戊己爲第一。甲乙

爲第三。三乘二亦六。則戊巳與甲乙爲反六倍大也
甲乙與丙丁。既二倍大。試以甲乙二平分之。爲甲庚庚
乙。必各與丙丁等。丙丁與戊巳既三倍大。而甲庚庚乙、
各與丙丁等。即甲庚亦三倍大於戊巳。庚乙亦三倍大
於戊巳而甲乙必六倍大於戊巳

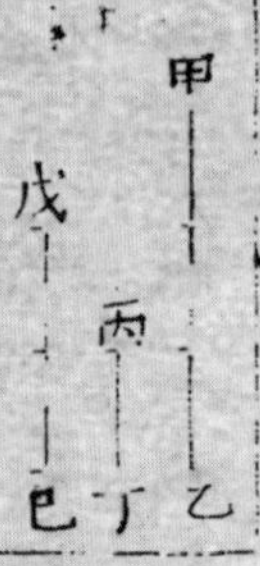

又如上圖。三幾何、二比例。前以大不等。後
以小不等者。中率小于前後兩率也。其甲
乙與丙丁、爲三倍大。丙丁與戊巳。爲反二倍大反二倍大者丙丁得戊巳之半
即甲乙與戊巳、爲等帶半。三乘半。得等帶半也。
若以戊巳爲第一。甲乙爲第三。反推之。半除三。爲反等

帶半也

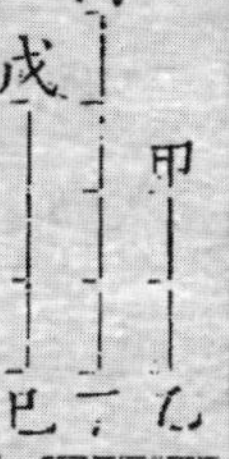

又如上圖三幾何二比例前以小不等後以大不等者中率大於前後二率也其甲乙與丙丁爲反二倍大（甲乙得丙丁之半）丙丁與戊巳爲等帶三分之一即甲乙與戊巳爲反等帶半（甲乙得戊巳三分之二）何者如甲乙二即丙丁當四丙丁四即戊巳當三是甲乙二戊巳當三也

後增其乘除之法則以命數三帶得數一爲四以半除之得二二比三爲反等帶半也若以戊巳爲第一甲乙爲第三三比二爲等帶半也

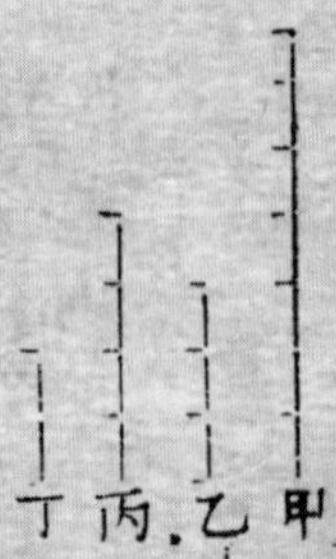

設四幾何爲三比例不同理而合爲一比例則以第一與二第二與三第三與四三比例相結也如上圖甲乙丙丁四幾何三比例先依上論以甲與乙乙與丙二比例相結爲甲與丙之比例次以甲與丙丙與丁相結即得甲與丁之比例也如是遞結可至無窮也

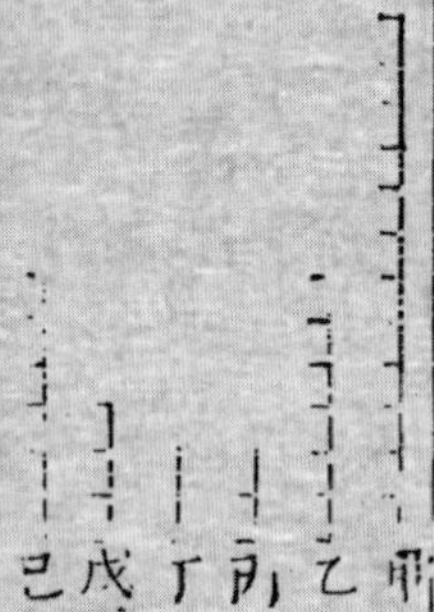

或用此圖申明本題之旨曰甲與乙之命數爲丁乙與丙之命數爲戊即甲與丙之命數爲巳何者三命數以一丁二戊相乘得三巳即三比例以一甲與乙二乙與丙相乘

得三甲與丙

後增。若多幾何、各帶分、而多寡不等者。當用通分法。如設前比例、爲反五倍帶三之二。後比例爲二倍大帶八之一。即以前命數三、通其五倍、爲十五。得分數從之、爲十七。是前比例爲三與十七也。以後命數八、通其二倍爲十六。得分數從之、爲十七。是後比例爲十七與八也。即首尾二幾何之比例、爲三與八。得二倍大帶三之二也

曷謂借象之術。如上所說、三幾何、二比例者。皆以中率爲前比例之後。後比例之前。乘除相結。畧如連比例之

同用一中率也、而不同理。別有二比例異中率者。是不同理之斷比例也。無法可以相結。當于其所設幾何之外。別立三幾何、二比例、而同中率者。乘除相結。作爲儀式。以彼異中率之四幾何、二比例。依倣求之。即得。故謂之借象術也。假如所設幾何。十六爲首。十二爲尾。却云、

十六八廿四	三九	二九	十二四十八	十六四廿四	九五四	六五四	十二二十八
十六六廿四	九三六	四三六	十二二十八	十六四廿四	二十二	六十二	十二九十八
十六六廿四	二八	四八	十二九十八	十六四廿四	六三六	二三六	十二一十八

十六與十二之比例。若八與三及二與四之比例。八爲前比例之前。四爲後比例之後。三與二、爲前之後後之前。此所謂異中率也。

欲以此二比例乘除相結無法可通矣用是別立三幾何二比例如其八與三二與四之比例而務令同中率如三其八得二十四爲前比例之前三其三得九爲前比例之後即以九爲後比例之前又求九與何數爲比例若二與四得十八爲後比例之後其二十四與九若八與三也九與十八若二與四也則十六與十二若二十四與十八俱爲等帶半之比例矣是用借象之術變異中率爲同中率乘除相結而合二比例爲一比例也其三比例以上亦如上方所說展轉借象遞結之 詳見本卷二十三題筭家所用借象金法雙金法俱本此

第六界

平行方形不滿一線爲形小于線若形有餘線不足爲形大于線

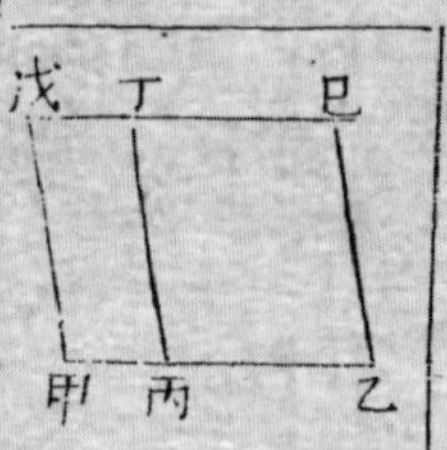

甲乙線其上作甲戊丁丙平行方形不滿甲乙線而丙乙上無形卽作巳乙線與丁丙平行次引戊丁線遇巳乙于巳是爲甲戊巳乙滿甲乙線平行方形則甲丁爲依甲乙線之有闕平行方形而丙巳平行方形爲甲丁之闕形又甲丙線上作甲戊巳乙平行方形其甲乙邊大于元設甲丙線之較爲丙乙而甲巳形大于甲丙線上之甲丁形則甲巳爲

依甲丙線之帶餘平行方形。而丙巳平行方形爲甲巳之餘形

幾何原本第六卷之首 終

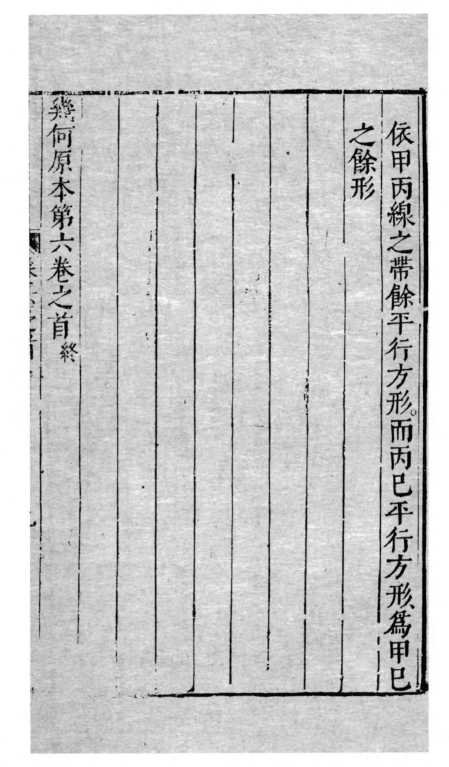

卷六之首　九

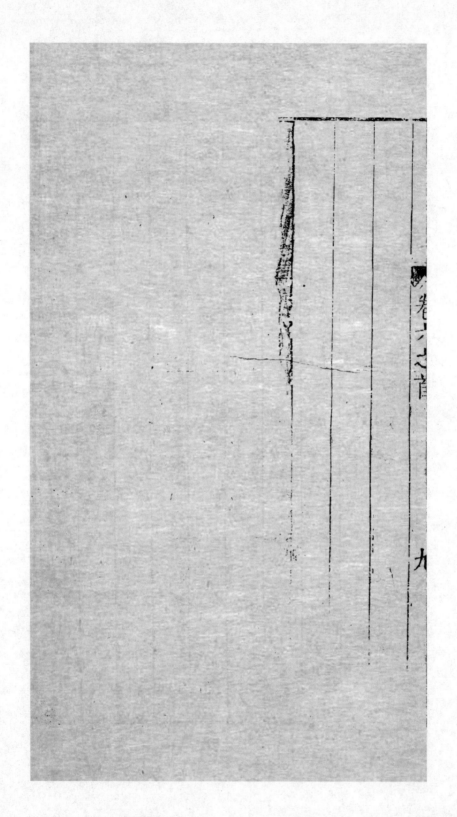

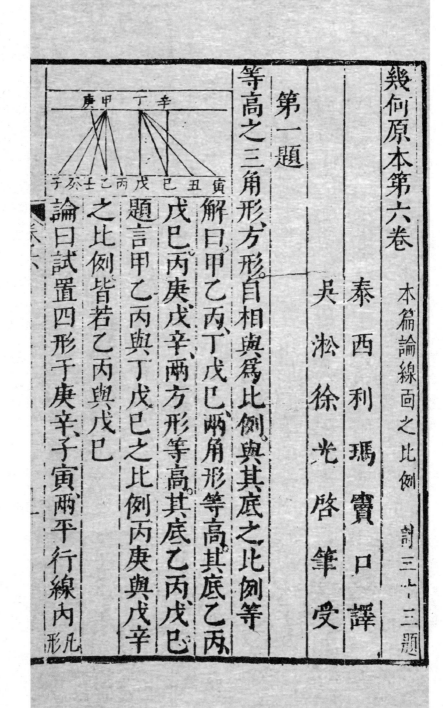

幾何原本第六卷

本篇論線面之比例　計三十三題

泰西利瑪竇口譯
吳淞徐光啓筆受

第一題

等高之三角形、方形，自相與爲比例，與其底之比例等。

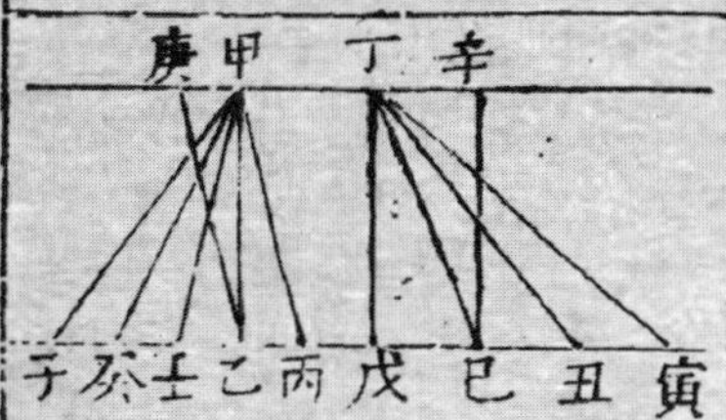

解曰：甲乙丙、丁戊巳兩角形等高，其底乙丙、戊巳；丙庚、戊辛兩方形等高，其底乙丙、戊巳。題言：甲乙丙與丁戊巳之比例，丙庚與戊辛之比例，皆若乙丙與戊巳。

論曰：試置四形于庚辛、子寅兩平行線內（凡形

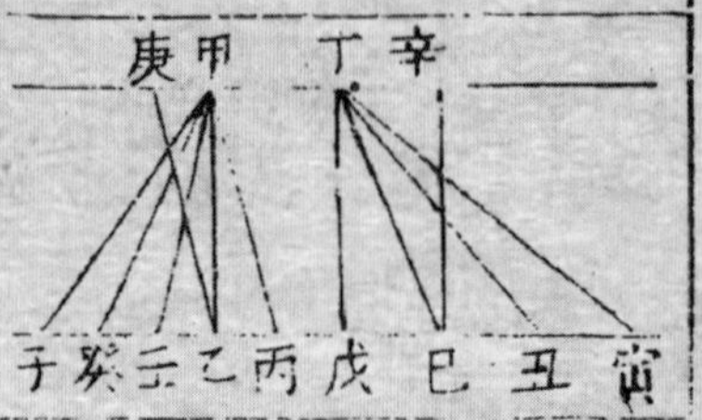

自頂至底作垂線即本形之高故等高者必在平行線內見本卷界說四于乙子線內作數底線各與乙丙等爲乙壬壬癸癸子于巳寅線內作數底線各與戊巳等爲巳丑丑寅次從甲從丁作甲壬甲癸甲子丁丑丁寅諸線其甲乙丙甲乙壬甲壬癸甲癸子四三角形既等底而在平行線內即等一卷三八依顯丁戊巳丁巳丑丁丑寅三三角形亦等則子丙底線大于乙丙若干倍而甲子丙角形大于甲乙丙亦若干倍依顯戊寅之倍戊巳亦若丁戊寅之倍丁戊巳底線分數與形之分數等故即用三試法若子丙底大于戊寅底則甲子丙形亦

大于丁戊寅形也。若等亦等，若小亦小也。一卷三八 則一乙丙所倍之子丙、三甲乙丙所倍之甲子丙、與二戊巳所倍之戊寅、四丁戊巳所倍之丁戊寅、等、大小、皆同類也。而一乙丙底與二戊巳底之比例，若三甲乙丙與四丁戊巳矣。五卷六界 又丙庚、戊辛、兩方形、各倍大于甲乙丙、丁戊巳兩角形。一卷卅三 而甲乙丙與丁戊巳之比例，既若乙丙與戊巳、即丙庚與戊辛、兩方形之比例、亦若乙丙與戊巳兩底矣。五卷十五 或從壬、癸、子、及丑、寅、各作直線、與庚乙、辛巳、平行。即依上論推顯。

增題。凡兩角形、兩方形、各等底、其自相與爲比例、若

两形之高之比例

解曰。甲乙丙與丁戊巳兩角形。甲庚乙丙與丁戊巳辛兩方形。其底乙丙與戊巳等。題言甲乙丙與丁戊巳兩角形之比例。甲庚乙丙與丁戊巳辛兩方形之比例。皆若甲壬與丁癸兩高。

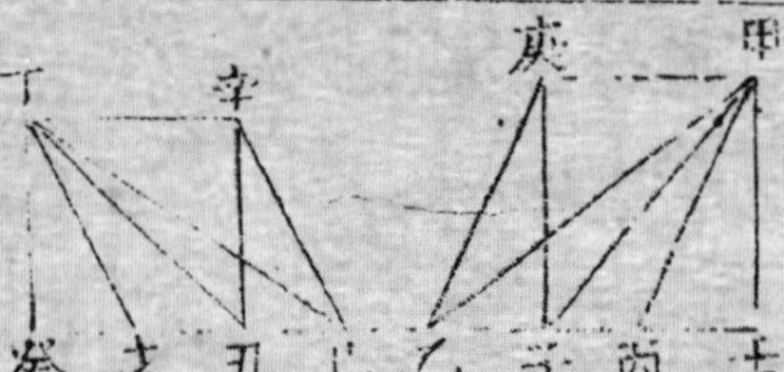

論曰。試作子壬底線。與乙丙等。作丑癸底線。與戊巳等。次作甲子、丁丑兩線。其甲壬子與甲乙丙兩角形等底。又等高。即等。依顯丁癸丑與丁戊巳两角形亦等（一卷三八）。即甲乙丙與丁戊巳之比例。若甲

壬子與丁癸丑也五卷十二今以甲壬丁癸爲底即甲壬子與丁癸丑兩角形之比例若甲壬與丁癸兩底也本篇一而甲乙丙與丁戊巳之比例亦若甲壬與丁癸矣又甲乙丙與丁戊巳兩角形之比例既以倍大故若甲庚乙丙與丁戊巳辛兩方形之比例五卷十五即兩方形之比例亦若甲壬與丁癸兩底也五卷十一若作庚子辛丑兩線亦依前論推顯

第二題 二支

三角形任依一邊作平行線即此線分兩餘邊以爲比例必等三角形內有一線分兩邊以爲比例而等即此線

與餘邊爲平行

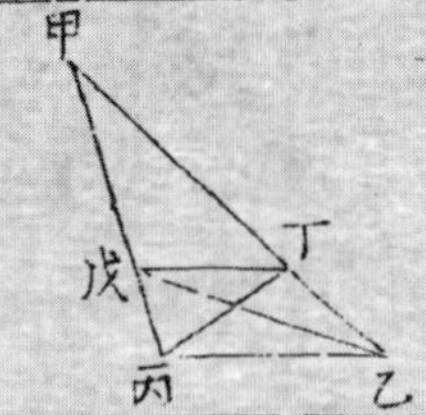

先解曰甲乙丙角形內如作丁戊線與乙丙平行題言丁戊分甲乙甲丙于丁于戊以爲比例必等者甲丁與丁乙若甲戊與戊丙也

論曰試作丁丙戊乙兩線其丁戊乙丁戊丙兩角形同以丁戊爲底同在兩平行線內即等一卷三七而甲戊丁與丁戊乙兩角形之比例若甲戊丁與丁戊丙矣五卷七夫甲戊丁與丁戊乙兩角形亦在兩平行線內若于戊點上作一線與甲乙平行即兩形在其內則甲戊丁與丁戊乙兩角形之比例若甲丁與丁乙兩底也本篇一依顯甲戊與戊丙兩底之比

例亦若甲戊丁與丁戊丙兩角形也（兩形亦在兩平行線內故）是甲丁與丁乙兩線之比例甲戊與戊丙兩線之比例皆若甲戊丁與丁戊乙也或與丁戊丙也（丁戊乙與丁戊丙等）則甲丁與丁乙亦若甲戊與戊丙也（五卷十一）

後解曰甲乙丙角形內有丁戊線分甲乙甲丙于丁于戊以爲比例而等題言丁戊與乙丙爲平行線

論曰試作丁丙戊乙兩線其甲丁與丁乙兩底之比例若甲戊丁與丁戊乙兩角形也（在兩平行線內故見本篇一）而甲丁與丁乙之比例若甲戊與戊丙即甲戊丁與丁戊乙之比例亦若甲戊與戊丙也（五卷十一）又甲戊與戊丙兩底之

比例既若甲戊丁與丁戊丙在兩平行線內故見本篇一則甲戊丁與丁戊乙之比例亦若甲戊丁與丁戊丙也五卷十一而丁戊乙與丁戊丙兩角形

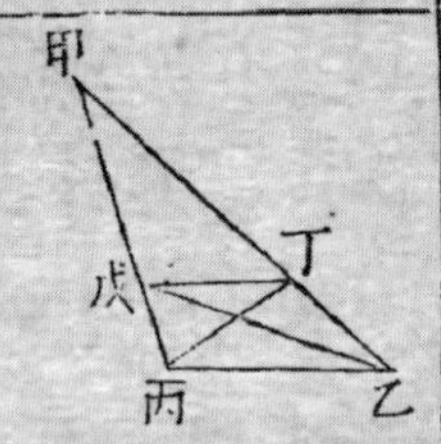

等矣五卷九兩角形同以丁戊為底而等則在兩平行線內一卷卅九

第三題二支

三角形任以直線分一角為兩平分而分對角邊為兩分則兩分之比例若餘兩邊之比例三角形分角之線所分對角邊之比例若餘兩邊則所分角為兩平分

先解曰甲乙丙角形以甲丁線分乙甲丙角為兩平分

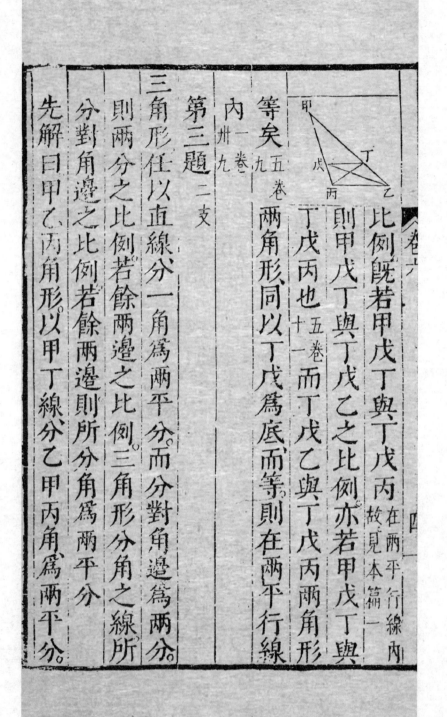

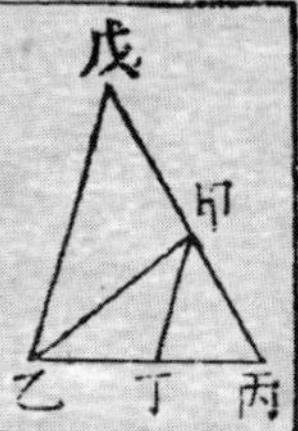

題言乙丁與丁丙之比例若乙甲與甲丙

論曰試作乙戊線與甲丁平行次于丙甲線引長之至戊其甲乙戊與乙甲丁為平行線相對之兩內角等外角丁甲丙與丙角戊亦等（一卷廿九）今乙甲丁與丁甲丙又等即甲乙戊角與戊角亦等也而甲戊與甲乙兩腰亦等矣（一卷六）則戊甲與甲丙之比例若乙甲與甲丙也（五卷七）夫戊甲與甲丙之比例若乙丁與丁丙也（本篇二）則乙甲與甲丙之比例亦若乙丁與丁丙也（五卷十一）

後解曰乙丁與丁丙之比例若乙甲與甲丙題言甲丁線分乙甲丙角為兩平分

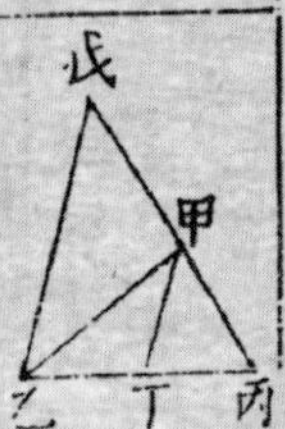

論曰依前作乙戊線與甲丁平行而引丙甲線至戊其乙甲與甲丙之比例既若乙丁與丁丙甲丁線又與戊乙邊平行而乙丁與丁丙之比例若戊甲與甲丙（本篇二）即乙甲與甲丙之比例亦若戊甲與甲丙（五卷十一）是戊甲與乙甲兩線等矣（五卷九）則甲乙戊角與戊角亦等也（一卷五）夫甲乙戊與乙甲丁為平行線相對之兩內角等而外角丁甲丙與內角戊亦等（一卷廿九）則乙甲丁丁甲丙兩角必等

第四題

凡等角三角形其在等角旁之各兩腰線相與為比例必

等。而對等角之邊、爲相似之邊

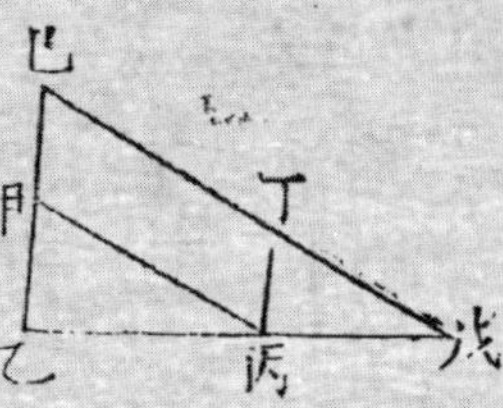

解曰。甲乙丙、丁丙戊兩角形等角者。甲乙丙與丁丙戊、甲丙乙與丁戊丙。乙甲丙與丙丁戊。每相當之各角俱等也。題言甲乙與乙丙之比。例若丁丙與丙戊。甲乙與甲丙。若丁丙與丁戊。甲丙與乙丙。若丁戊與丙戊。而每對等角之邊各相似。相似者。謂各前各後率。各對本形之相當等角

論曰。試並置兩角形。令乙丙、丙戊兩底爲一直線。而丁丙戊爲甲乙丙之外角。其甲乙丙、甲丙乙兩角。既小于兩直角。一卷十七丁戊丙、與甲丙乙、兩角又等。即乙戊兩角

亦小于兩直角。而乙甲、戊丁、兩線。引出之必相遇。一卷界說十一 即作兩線。令遇于巳。其丁丙戊外角。與甲乙丙內角既等。即丁丙與巳乙爲平行線。一卷廿八 依顯甲丙乙外角與丁戊丙內

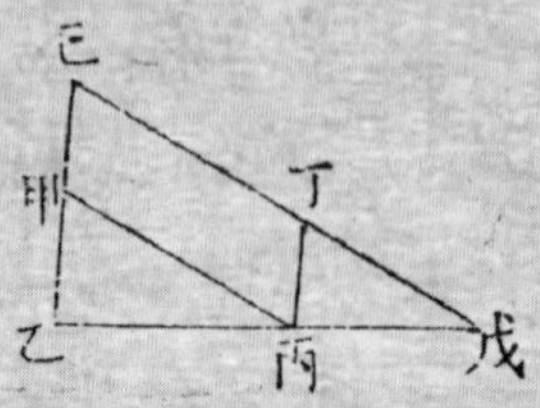

角既等。即甲丙與巳戊亦平行線。一卷廿八 而甲巳丁丙爲平行線方形。則甲巳與丁丙兩線等也。甲丙與巳丁兩線等也。一卷卅四 夫乙戊巳角形內之甲丙線。既與巳戊邊平行。即甲乙與等甲巳之丁丙之比例。若乙丙與丙戊也。本篇二 更之。即甲乙與乙丙。若丁丙與丙戊也。五卷十六 又乙戊巳角形內之丁丙線。既與巳乙邊平行。即乙丙與

丙戊之比例。若等巳丁之甲丙、與丁戊也（本篇二）更之。即

乙丙與甲丙。若丙戊與丁戊也（五卷十六）甲乙與乙丙。既。若

丁丙與丙戊。而乙丙與甲丙。又若丙戊與丁戊。平之。即

甲乙與甲丙。若丁丙與丁戊也（五卷廿二）

一系。凡角形內之直線。與一邊平行。而截一分為角形

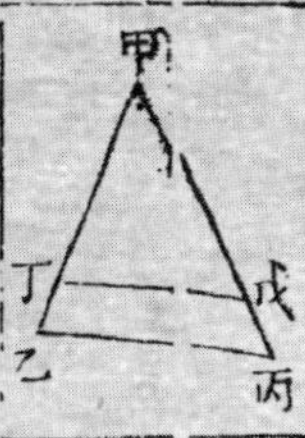

必與全形相似。如上甲乙丙角形。作丁戊直線。與乙丙平行。而截一分為甲丁戊角形。必

與甲乙丙全形相似。何者。甲丁戊外角、與甲乙丙內角、

等。甲戊丁外角。亦與甲丙乙內角等（一卷廿九）甲角又同。即

兩形相似。而各等角旁兩邊之比例等（本題）

增題。凡角形之內。任依一邊。作一平行線。于此邊任取一點。向對角作直線。則所分兩平行線比例等

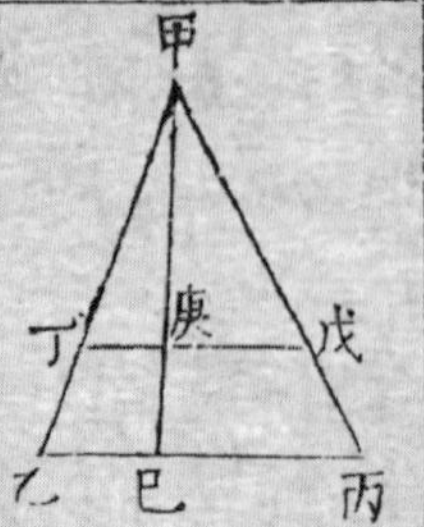

解曰。甲乙丙角形內。作丁戊線。與乙丙平行。次于乙丙邊。任取巳點。向甲角作直線。分丁戊于庚。題言乙巳與巳丙之比例若丁庚與庚戊

論曰。甲巳乙、甲庚丁、兩角形既相似（本系）即甲巳與巳乙之比例若甲庚與庚丁也。更之。即甲巳與甲庚若巳乙與庚丁也（五卷十六）依顯甲巳與甲庚若巳丙與庚戊也。則乙巳與丁庚。亦若巳丙與庚戊也（五卷十一）更之

即乙巳與巳丙若丁庚與庚戊也五卷十六

又論曰甲巳乙、甲庚丁兩角形甲巳丙、甲庚戊兩角形既各相似即乙巳與甲巳之比例若丁庚與庚甲也本系依顯甲巳與巳丙亦若甲庚與庚戊也平之即乙巳與巳丙若丁庚與庚戊也五卷廿二

第五題

兩三角形其各兩邊之比例等即兩形為等角形而對各相似邊之角各等

解曰甲乙丙、丁戊巳兩角形其各兩邊之比例等者甲乙與乙丙若丁戊與戊巳而乙丙與甲丙若戊巳與丁

巳甲丙與甲乙若丁巳與丁戊也題言此兩形爲等角形而對各相似邊之角甲與丁乙與戊丙與巳各等

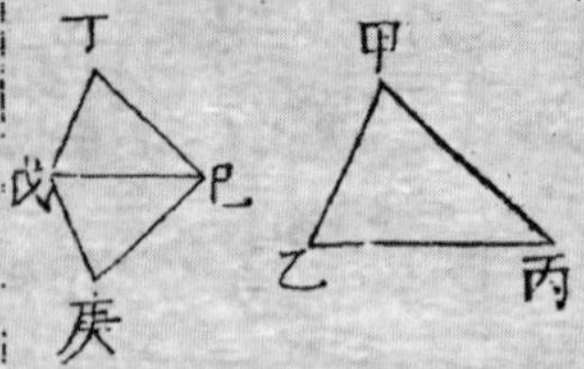

論曰試作巳戊庚角與乙角等作庚巳戊角與丙角等而戊庚巳庚兩線遇于庚卽庚角與甲角等一卷三二是甲乙丙庚戊巳兩形等角矣則甲乙與乙丙之比例若庚戊與戊巳也本篇四甲乙與乙丙元若丁戊與戊巳則庚戊與戊巳亦若丁戊與戊巳也五卷十一而丁戊與庚戊兩線必等五卷九又乙丙與甲丙之比例若戊巳與庚巳本篇四而乙丙與甲丙元若戊巳與丁巳則戊巳

與庚巳亦若戊巳與丁巳也五卷十一而丁巳與庚巳兩線必等五卷九夫庚戊庚巳兩腰既與丁戊丁巳兩腰各等戊巳同底即丁角與庚角亦等一卷八其餘庚戊巳與丁戊巳庚巳戊與丁巳戊各相當之角俱等一卷四而庚角與甲角既等即丁角與甲角亦等丁戊巳角與乙角丁巳戊角與丙角俱等

第六題

兩三角形之一角等而等角旁之各兩邊比例等即兩形爲等角形而對各相似邊之角各等

解曰甲乙丙丁戊巳兩角形其乙與戊兩角等而甲乙

與乙丙之比例。若丁戊與戊巳。題言餘角丙與巳。甲與丁。俱等

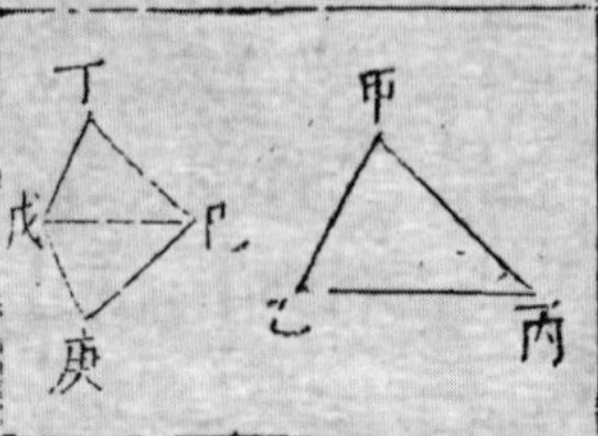

論曰。試作巳戊庚角。與乙角等。作庚巳戊角。與丙角等。而戊庚、巳庚兩線遇于庚。依前論推顯甲乙丙、庚戊巳、兩形等角。即甲乙與乙丙之比例。若庚戊與戊巳也（本篇四）甲乙與乙丙。元若丁戊與戊巳。則庚戊與戊巳。亦若丁戊與戊巳也（五卷十一）而丁戊與庚戊、兩線必等（五卷九）夫丁戊、庚戊、兩邊既等。戊巳同邊。庚戊巳角、與丁戊巳角。又等（丁戊巳角與乙角等。而巳戊庚亦與乙等故）即其餘各相當之角俱等（一卷四）而庚角既與甲角等。庚巳戊

角既與丙角等。即甲角、丙角、與丁角、戊巳丁角、各等。而甲乙丙、丁戊巳、爲等角形矣

第七題

兩三角形之第一角等。而第二相當角、各兩旁之邊比例等。其第三相當角或俱小于直角。或俱不小于直角。即兩形爲等角形。而對各相似邊之角各等

解曰甲乙丙、丁戊巳、兩角形。其一甲角、與一丁角等。而

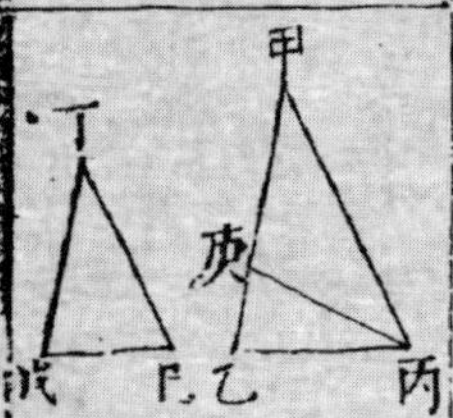

第二相當角、如甲丙乙、兩旁之甲丙丙乙、兩邊。偕丁巳戊兩旁之丁巳巳戊、兩邊比例等。其第三相當角、如乙與戊。或俱小于直角。或

俱不小于直角。題言兩形等角者。謂甲丙乙角與己等。乙角與戊等

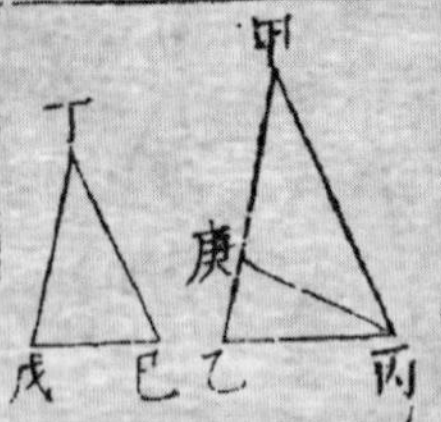

先論乙與戊、俱小于直角者、曰。如云不然、而甲丙乙大于己。令作甲丙庚角、與己等。即甲庚丙角、宜與戊等一卷卅二甲庚丙、與丁戊己、爲等角形矣。即甲丙與丙庚之比例。宜若丁己與己戊本篇四而先設甲丙與丙乙。若丁己與己戊也。是甲丙與丙庚、亦若甲丙與丙乙也五卷十一是庚丙與乙丙、兩線等也五卷九丙庚乙與丙乙庚、兩角亦等也一卷五夫乙既小于直角。即等腰內之丙庚乙。亦小于直角。則較角之丙庚甲。必大于直角也丙庚

甲、丙庚乙、兩角等于兩直角。見一卷十三而丙庚甲既與戊等，則丙庚乙宜大于直角矣。其相等之乙角，何由得小于直角也？後論乙與戊俱不小于直角者，曰：如云不然，依先論乙角與丙庚乙角等，即丙庚乙亦不小于直角。夫丙庚乙、丙乙庚同爲角形內之兩角，乃俱不小于直角。一卷十七何也？則甲丙乙不得不等于丁己戊也。而其餘乙與戊角等矣。一卷卅二

第八題

直角三邊形，從直角向對邊作一垂線，分本形爲兩直角三邊形，即兩形皆與全形相似，亦自相似。

解曰甲乙丙直角三邊形從乙甲丙直角作甲丁垂線題言所分甲丁丙甲丁乙兩三邊形皆與全形相似亦自相似

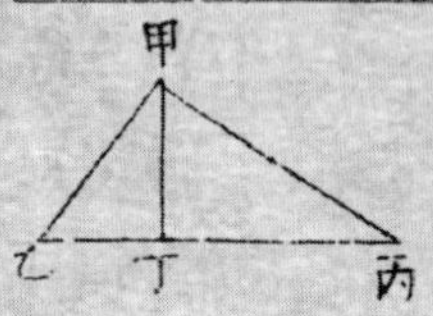

論曰甲乙丙甲丁丙兩形既各以乙甲丙甲丁丙爲直角而丙角又同卽其餘甲乙丙丁甲丙兩角必等一卷三二則甲乙丙甲丁丙兩形必爲等角形而等角旁之各兩邊比例必等等者謂乙丙與甲丙若甲丙與丙丁也甲丙與甲乙若丙丁與甲丁也乙丙與甲乙若甲丙與甲丁也卽甲丁丙角形與甲乙丙全形相似矣本篇四依顯甲丁乙角形與甲乙丙全形亦相似也何者丙甲乙甲

丁乙、兩皆直角。而乙角又同。卽其餘甲丙乙、丁甲乙、兩角必等。一卷卅二甲乙丙、甲丁乙、兩形必爲等角形。而等角旁之各兩邊比例必等。故也。依顯甲丁乙、乙丁丙、兩角形亦相似也。何者。兩形各與全形相似。卽兩形自相似五卷十一

系。從直角作垂線。卽此線爲兩分對邊線比例之中率。而直角旁兩邊各爲對角全邊與同方分邊比例之中率。何者。丙丁與丁甲之比例若丁甲與丁乙也。故丁甲爲丙丁、丁乙兩分邊比例之中率也。又乙丙與丙甲之比例若丙甲與丙丁也。故丙甲爲乙丙、丙丁之中率也

乙丙與乙甲之比例若乙甲與乙丁也故乙甲爲乙丙乙丁之中率也

第九題

一直線求截所取之分

法曰甲乙直線求截取三分之一先從甲任作一甲丙線爲丙甲乙角次從甲向丙任作所命分之平度如甲丁丁戊戊己爲三分也次作己乙直線末作丁庚線與己乙平行即甲庚爲甲乙三分之一

論曰甲乙己角形內之丁庚線既與乙己邊平行即己

丁與丁甲之比例若乙庚與庚甲也本篇二合之巳甲與甲丁若乙甲與庚甲也五卷十八而甲丁既爲巳甲三分之一即庚甲亦爲乙甲三分之一也

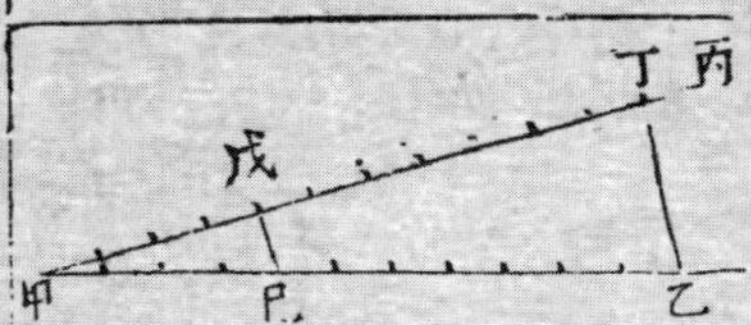

注曰甲乙線欲截取十一分之四先作甲丙線爲丙甲乙角從甲向丙任平分十一分至丁次作丁乙線末從甲取四分得戊作戊巳線與丁乙平行即甲巳爲十一分甲乙之四何者依上論丁甲與戊甲之比例若乙甲與巳甲也反之甲戊與甲丁若甲巳與甲乙也五卷四甲戊爲十一分甲丁之四則甲巳亦十一分甲乙之四

矣。依此、可推不盡分之數。蓋四不爲十一之盡分故

第十題

一直線。求截各分。如所設之截分

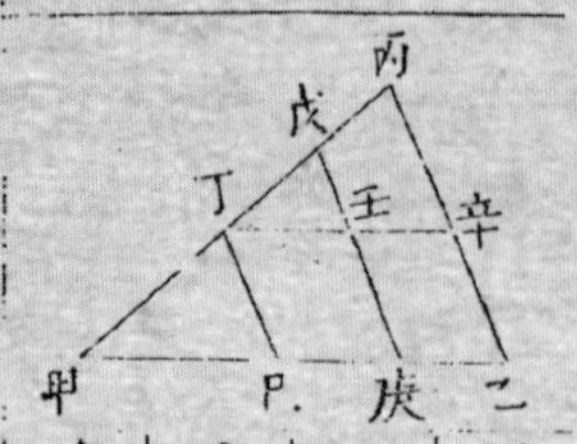

法曰。甲乙線。求截各分。如所設甲丙任分之丁、戊者、謂甲乙所分各分之比例。若甲丁、丁戊、戊丙也。先以甲乙、甲丙、兩線相聯于甲。任作丙甲乙角。次作丙乙線相聯。末從丁、從戊、作丁巳、戊庚、兩線。皆與丙乙平行。即分甲乙線于巳、于庚。若甲丙之分于丁、于戊

論曰。甲丁與丁戊之比例。既若甲巳與巳庚。本篇二 即甲

巳與巳庚，亦若甲丁與丁戊，也。更作丁辛線，與甲乙平行。而分戊庚于壬，即丁戊與戊丙，若丁壬與壬辛也。亦若等丁壬之巳庚（一卷卅四）與等壬辛之庚乙也（本篇二）則巳庚與庚乙，亦若丁戊與戊丙也

從此題，作一用法，平分一直線，爲若干分。

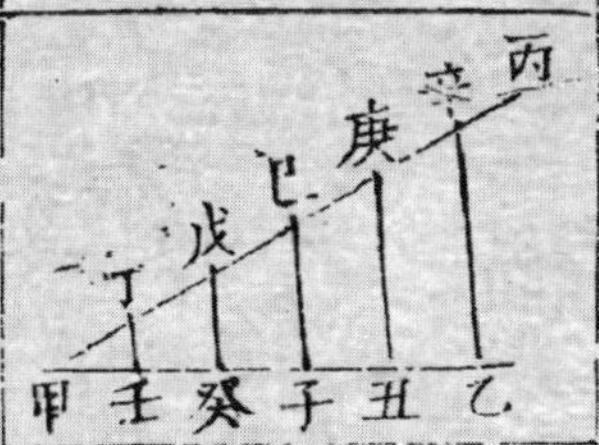

如甲乙線，求五平分，即從甲、任作甲丙線，爲丙甲乙角，次從甲向丙，任作五平分，爲甲丁、丁戊、戊巳、巳庚、庚辛，次作辛乙直線相聯，末作丁壬、戊癸、巳子、庚丑、四線，皆與辛乙平行。即壬、癸、子、丑，分甲乙爲五平分，其理依前論推顯

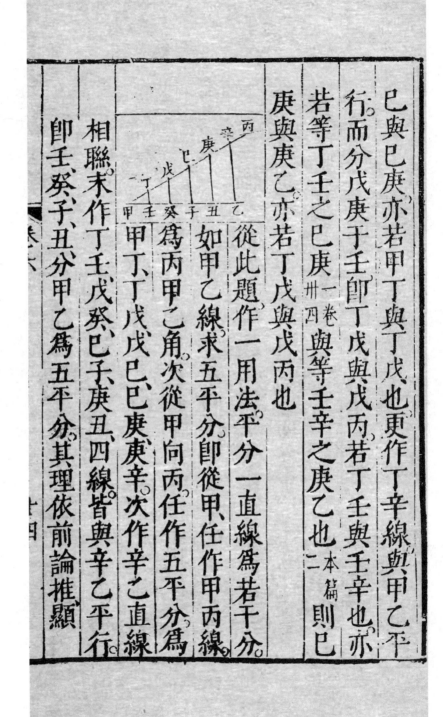

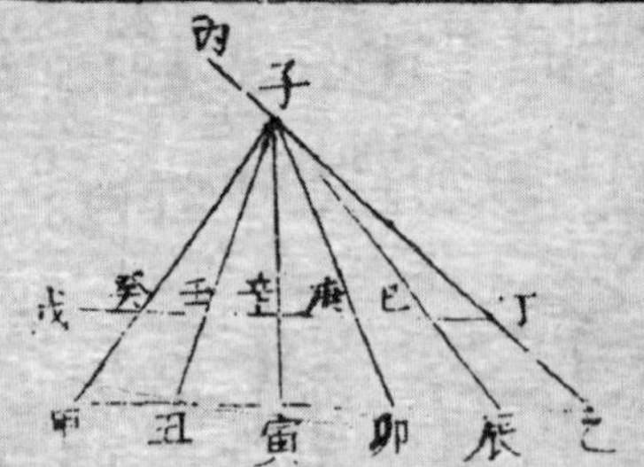

又一簡法。如甲乙線。求五平分。即從丙、任作丙乙線。爲丙乙甲角。次于乙丙、任取一點。爲丁。作丁戊線。與甲乙平行。次從丁向戊。任作五平分。爲丁巳、巳庚、庚辛、辛壬、壬癸。而丁癸線。令小于甲乙。次從甲過癸。作甲子線。遇乙丙于子。末從子、作子壬、子辛、子庚、子巳、四線。各引長之。而分甲乙于丑于寅于卯、于辰。爲五平分

論曰。丁戊與甲乙既平行。即子壬癸、與子丑甲、兩角。子癸壬、與子甲丑、兩角。各等卷一廿九而甲子丑同角。即

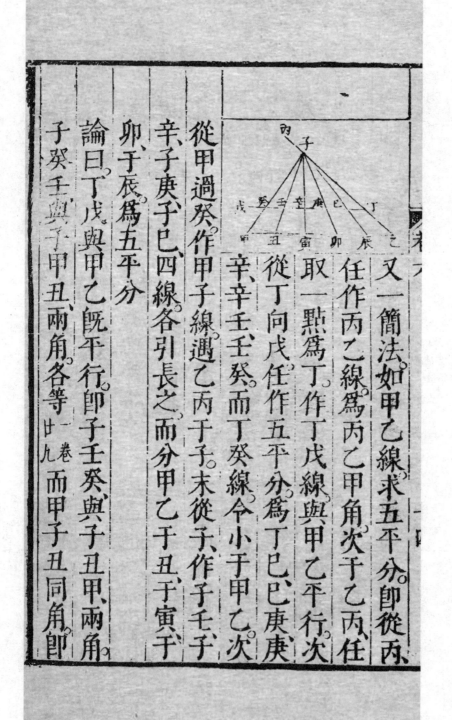

甲子丑癸子壬兩角形相似矣則子癸與癸壬之比例若子甲與甲丑也本篇四依顯子壬與壬辛若子丑與丑寅也又癸壬與壬辛等即子壬與壬癸若子壬與壬辛也五卷七則子丑與丑甲亦若子丑與丑寅也而甲丑丑寅兩線等矣五卷十一依顯寅卯卯辰辰乙俱與甲丑等則甲乙線爲五平分

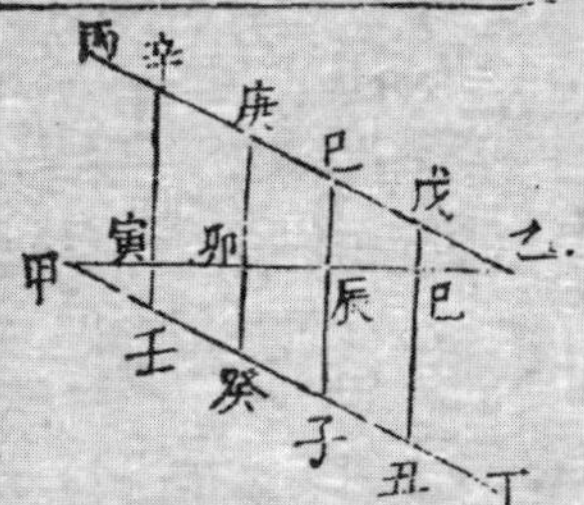

又一簡法如甲乙線求五平分即從甲從乙作甲丁乙丙兩平行線次從乙任作戊巳庚辛四平分次用元度從甲作壬癸子丑四平分末作戊丑巳子庚癸

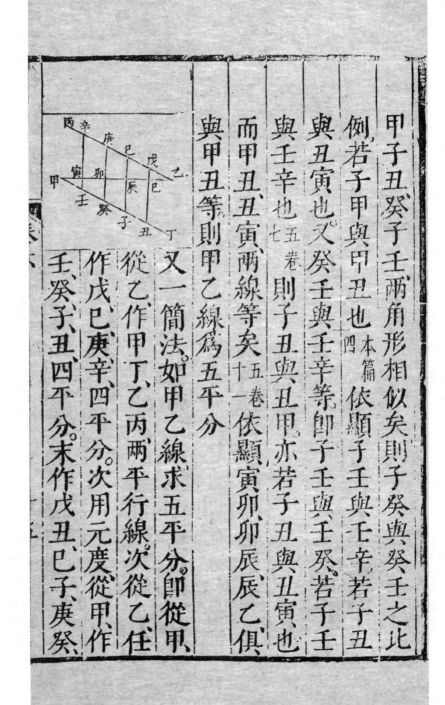

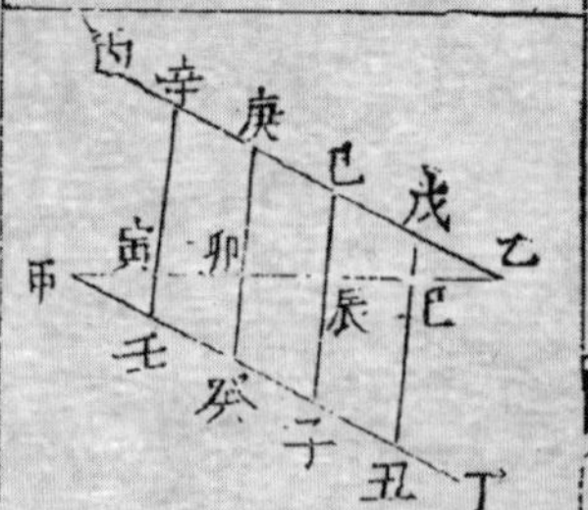

辛壬、四線相聯，即分甲乙于巳、于辰、于卯、于寅，爲五平分

論曰：辛庚與壬癸既平行相等，即辛壬與庚癸亦平行（一卷卅三），依顯巳子、戊丑俱平行。而甲丑既爲四平分，則甲巳亦四平分（本題），依顯乙辛既爲四平分，則乙寅亦四平分，而通甲乙爲五平分

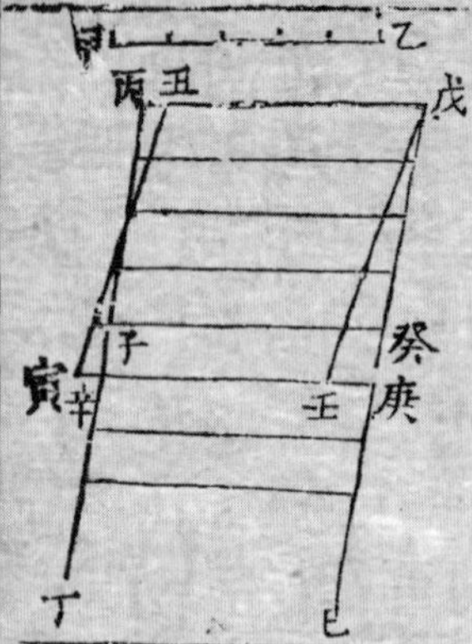

又用法：先作一器丙丁、戊巳爲平行線，任平分爲若干格，每分作平行線相聯。今欲分甲乙爲五平分。

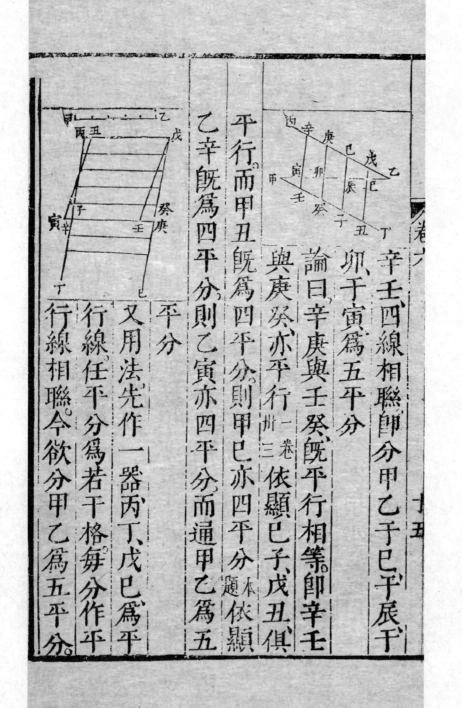

卽規取甲乙之度以一角抵戊丙線而一角抵庚辛線如不在庚辛者卽漸移之令至也既至壬卽戊壬之分爲甲乙之分

論曰庚癸與子辛既平行相等卽癸子庚辛亦平行相等（一卷卅三）而丙丁戊巳內諸線俱平行相等戊庚爲五平分卽戊壬亦五平分矣（本題）戊壬之既與甲乙等卽自戊至壬諸格分甲乙爲五平分也如戊丙線上取丑點而甲乙度抵庚辛之外若丑寅卽從庚辛線引長之爲庚寅而癸子諸線俱引長之其丑寅仍爲五平分如前論若所欲分之線極小則製器宜密

令相稱焉

增題有直線求兩分之而兩分之比例若所設兩線之比例

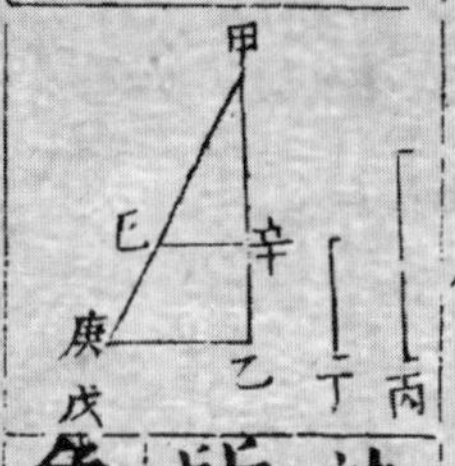

法曰甲乙線求兩分之而兩分之比例若所設丙與丁先從甲任作甲戊線而爲甲角次截取甲巳與丙等巳庚與丁等次作庚乙線聯之末作巳辛線與庚乙平行卽分甲乙于辛而甲辛與辛乙之比例若丙與丁說見本篇二

又增題兩直線各三分之各互爲兩前兩後率比例等卽兩中率與兩前兩後率各爲比例亦等

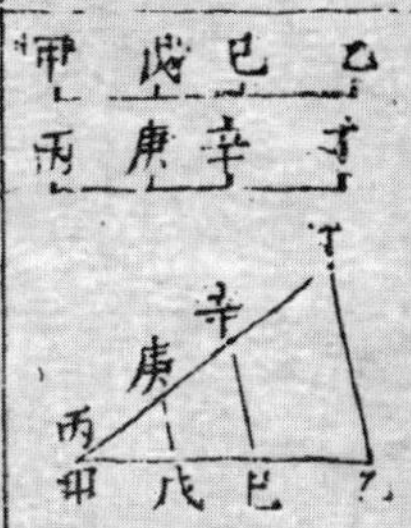

解曰甲乙、丙丁、兩線各三分之于戊、于巳、于庚、于辛。各互爲兩前兩後率比例等者甲戊與戊乙、若丙庚與庚丁。甲巳與巳乙、若丙辛與辛丁也。題言中率戊巳、庚辛。各與其前、後率、爲比例、亦等者甲戊與戊巳、若丙庚與庚辛。巳乙與戊巳、若辛丁與庚辛也

論曰甲戊與戊乙之比例、既若丙庚與庚丁。即合之甲乙與戊乙、若丙丁與庚丁也。而甲巳與巳乙。既若丙辛與辛丁。即合之甲乙與巳乙、若丙丁與辛丁也又反之、巳乙與甲乙、若辛丁與丙丁也。夫巳乙與甲

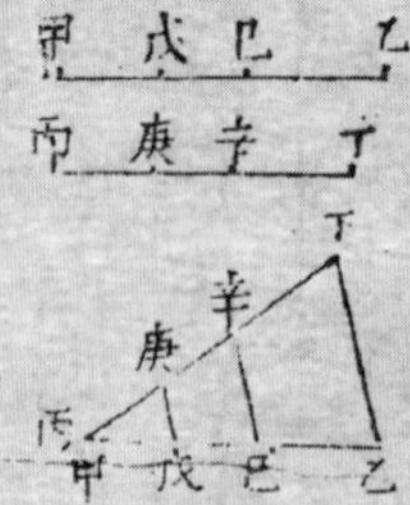

乙既若辛丁與丙丁而甲乙與戊乙又若丙丁與庚丁即平之巳乙與戊乙亦若辛丁與庚丁也五卷廿二又轉之戊乙與戊巳若庚丁與庚辛也又分之巳乙與戊巳若辛丁與庚辛也此後解也又甲戊與戊乙既若丙庚與庚丁而戊乙與戊巳又若庚丁與庚辛即平之甲戊與戊巳若丙庚與庚辛也此前解也

又簡論曰如後圖聯甲于丙作乙甲丁角次作丁乙辛巳庚戊三線相聯其甲戊與戊乙之比例既若丙庚與庚丁即庚戊與丁乙平行本篇二甲巳與巳乙既

若丙辛與辛丁。即辛巳與丁乙平行本篇三二而庚戊與辛巳亦平行一卷三十是甲戊與戊巳。若丙庚與庚辛也。巳乙與戊巳。亦若辛丁與庚辛也本篇二

第十一題

兩直線求別作一線相與爲連比例

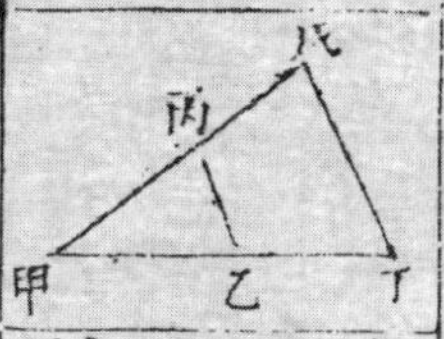

法曰。甲乙、甲丙兩線求別作一線。相與爲連比例者。合兩線。任作甲角。而甲乙與甲丙之比例若甲丙與他線也。先于甲乙引長之。爲乙丁。與甲丙等。次作丙乙線相聯。次從丁作丁戊線。與丙乙平行。末于甲丙引長之。遇于戊。即丙戊爲所求線如以甲丙為前

率。倣此

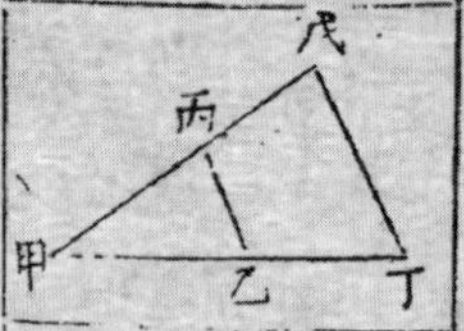

論曰。甲丁戊角形內之丙乙線。既與戊丁邊平行。即甲乙與乙丁之比例。若甲丙與丙戊也本篇二而乙丁、甲丙元等。即甲乙與甲丙若甲丙與丙戊也五卷七

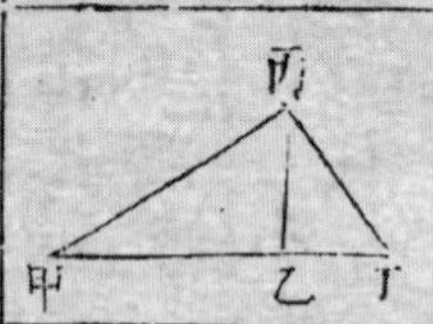

注曰。別有一法。以甲乙、乙丙兩線。列作甲乙丙直角。次以甲丙線聯之。而甲乙引長之末從丙作丙丁。為甲丙之垂線。遇引長線于丁。即乙丁為所求線

論曰。甲丙丁角形之甲丙丁。既為直角。而從直角至

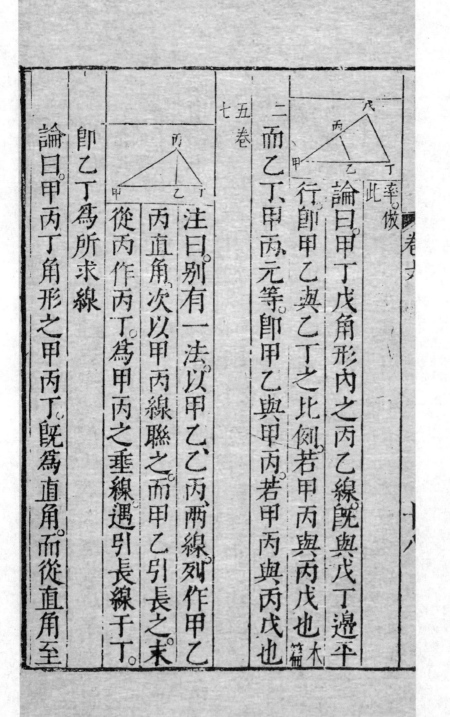

甲丁底。有丙乙垂線。即丙乙爲甲乙、乙丁比例之中

率。本篇八之系則甲乙與乙丙。若乙丙與乙丁也。既從一

二得三。即從二、三求四。以上至于無窮。俱倣此

第十二題

三直線。求別作一線。相與爲斷比例

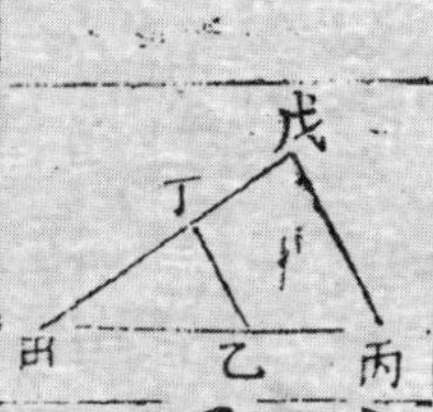

法曰。甲乙、乙丙、甲丁、三直線。求別作一線。相與爲斷比例者。謂甲丁與他線之比例。若甲乙與乙丙也。先以甲乙、乙丙、作直線。爲甲丙。次以甲丁線合甲丙。任作甲角。次作丁乙線相聯。次從丙作丙戊線與丁乙平行。末自甲丁引長之。遇丙戊于戊。即丁

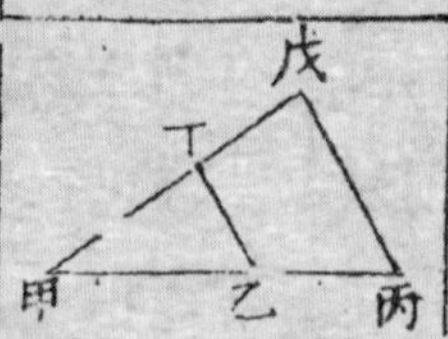

戊爲所求線

論曰甲丙戊角形内之丁乙線既與丙戊邊平行即甲丁與丁戊之比例若甲乙與乙丙本篇二

第十三題

兩直線求别作一線爲連比例之中率

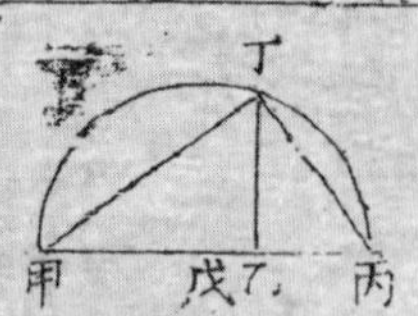

法曰甲乙乙丙兩直線求别作一線爲中率者謂甲乙與他線之比例若他線與乙丙也先以兩線作一直線爲甲丙次以甲丙兩平分于戊次以戊爲心甲丙爲界作甲丁丙半圓末從乙至圜界作乙丁垂線即乙丁爲甲乙乙丙之中率

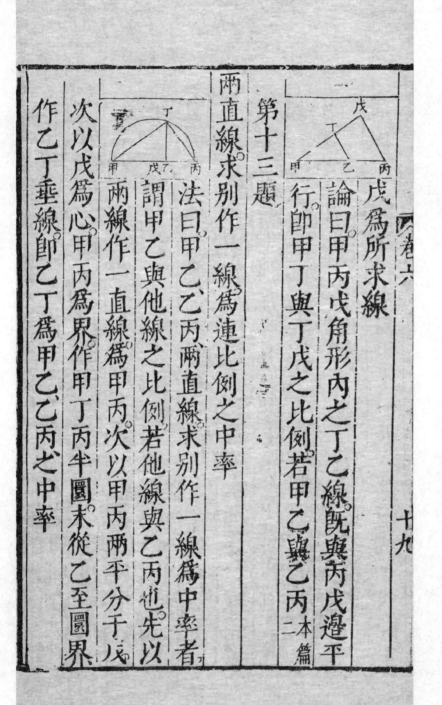

論曰試從丁作丁甲、丁丙兩線即甲丁丙為直角（三卷卅一）而直角所下乙丁垂線兩分對邊線甲丙其甲乙與乙丁若乙丁與乙丙也（本篇八之系）則乙丁為甲乙乙丙之中率

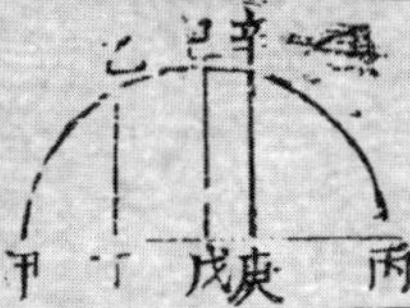

注曰依此題可推凡半圜內之垂線皆為兩分徑線之中率線如甲乙丙半圜其乙丁為甲丁丁丙之中率巳戊為甲戊戊丙之中率辛庚為甲庚庚丙之中率也何者半圜之內從垂線作角皆為直角（三卷卅一）故依前論推顯各為中率也

增題一直線有他直線大于元線二倍以上求分他

線爲兩分而以元線爲中率

法曰甲乙線大于甲丙二倍以上求兩分甲乙而以甲丙爲中率先以甲乙甲丙聯爲丙甲乙直角而兩平分甲乙于丁次以丁爲心甲乙爲界作甲戊乙半圜次從丙作丙戊線與甲乙平行而過半圜界于戊末從戊作戊己垂線而分甲乙于己卽戊己爲甲己己乙兩分之中率

論曰試作戊甲戊乙兩線依本題論卽戊己爲甲己己乙之中率而甲丙戊己爲平行方形卽丙甲與戊己等一卷卅四則丙甲亦甲己己乙之中率也

第十四題 二支

兩平行方形等。一角又等。卽等角旁之兩邊爲互相視之邊。兩平行方形之一角等。而等角旁兩邊爲互相視之邊。卽兩形等

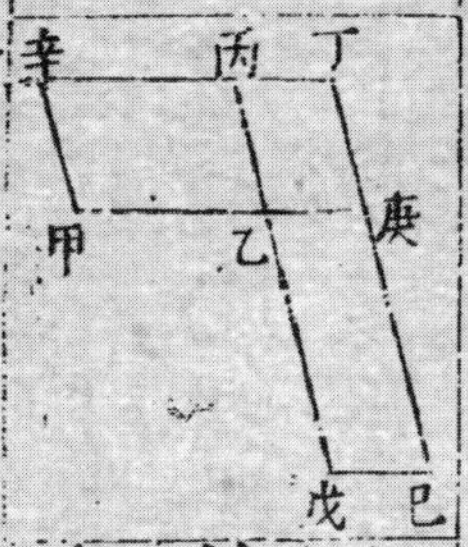

先解曰。甲乙丙辛、乙戊己庚、兩平行方形等。甲乙丙、戊乙庚、兩角又等。題言此兩角各兩旁之兩邊、爲互相視之邊者。甲乙與乙庚之比例。若戊乙與乙丙也

論曰。試以兩等角、相聯于乙。令甲乙乙庚爲一直線。其甲乙丙與戊乙庚既等角。卽戊乙乙丙亦一直線 一卷 下五

增題次從辛丙、巳庚各引長之，遇于丁。其辛乙、乙巳兩平行方形既等，即辛乙與乙丁兩形之比例，若乙巳與乙丁也。五卷七而辛

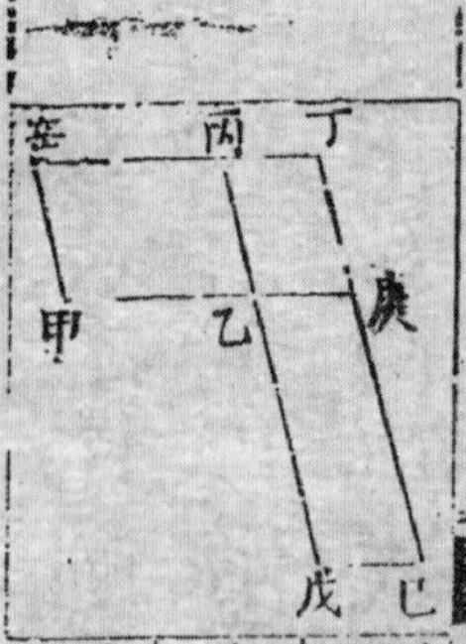

乙與乙丁，俱在兩平行線之內，等高，即辛乙與乙丁兩形之比例，若其底甲乙與乙庚也。本篇一依顯乙巳與乙丁兩形，亦若其底戊乙與乙丙也，則甲乙與乙庚亦若戊乙與乙丙也。

後解曰：甲乙丙、戊乙庚等角兩旁之各兩邊爲互相視之邊者，甲乙與乙庚若戊乙與乙丙也。題言辛乙、乙巳兩平行方形等。

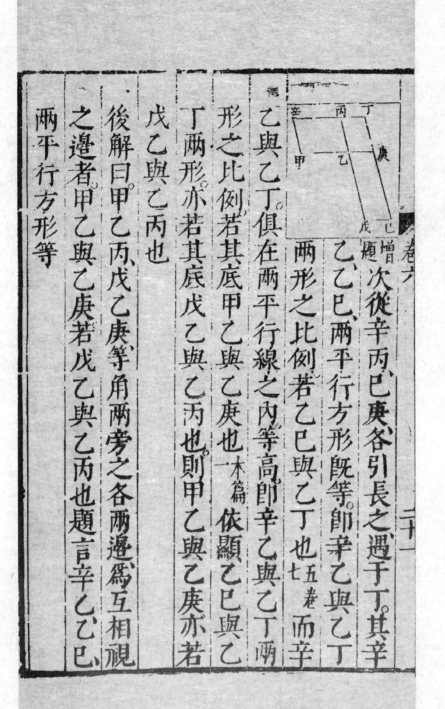

論曰。依上論以兩等角相聯。其甲乙與乙庚之比例。既若戊乙與乙丙。而甲乙與乙庚兩底之比例若平行等高之辛乙與乙丁兩形本篇一。戊乙與乙丙兩底之比例若平行等高之乙巳與乙丁兩形。則辛乙與乙丁。若乙巳與乙丁矣。而辛乙乙巳兩形。安得不等五卷九

第十五題二支

相等兩三角形之一角等。即等角旁之各兩邊互相視。兩三角形之一角等。而等角旁之各兩邊互相視。即兩三角形等

先解曰。甲乙丙、乙丁戊兩角形等。兩乙角又等。題言等

角旁之各兩邊互相視者謂甲乙與乙戊之比
例若丁乙與乙丙也
論曰試以兩等角相聯于乙令甲乙乙戊爲一
直線其甲乙丙丁乙戊既等角即丁乙乙丙亦

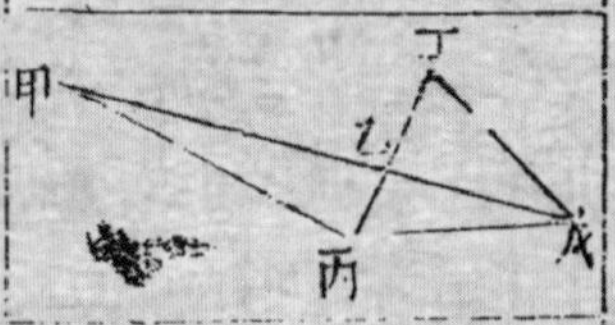

一直線一卷十五增題次作丙戊線相聯其甲乙丙乙丁戊兩
角形既等即甲乙丙與乙丙戊之比例若乙丁戊與乙
丙戊也五卷七夫甲乙丙與乙丙戊兩等高形之比例若
其底甲乙與乙戊也而乙丁戊與乙丙戊兩等高形亦
若其底丁乙與乙丙也則甲乙與乙戊若丁乙與乙丙
後解曰兩乙角等而乙旁各兩邊甲乙與乙戊之比例

若丁乙與乙丙題言甲乙丙、乙丁戊、兩角形等

論曰依前列兩形令等角旁兩邊各爲一直線其甲乙與乙戊之比例既若丁乙與乙丙而甲乙與乙戊兩底又若其上甲乙丙乙丙戊兩等高角形丁乙與乙丙兩底又若其上乙丁戊乙丙戊兩等高角形則甲乙丙與乙丙戊之比例若乙丁戊與乙丙戊矣而甲乙丙與乙丁戊豈不相等 五卷九

第十六題 二支

四直線爲斷比例即首尾兩線矩內直角形與中兩線矩內直角形等首尾兩線與中兩線兩矩內直角形等即

四線爲斷比例

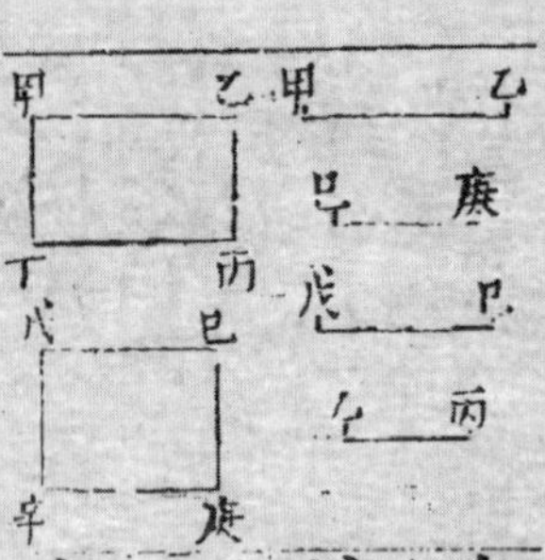

先解曰。甲乙、巳庚、戊巳、乙丙、四直線爲斷比例者。謂甲乙與巳庚。若戊巳與乙丙也。而甲乙丙丁。爲甲乙、乙丙。首尾兩線矩內直角形。戊巳庚辛。爲戊巳、巳庚。中兩線矩內直角形。題言甲丙、戊庚、兩形等

論曰。兩形之乙與巳。既等爲直角。而甲乙與巳庚之比例。若戊巳與乙丙。是乙巳等角旁之各兩邊。互相視。而甲丙、戊庚、兩直角形必等（本篇十四）

後解曰。甲丙、戊庚、兩直角形等。題言四線之比例等者。

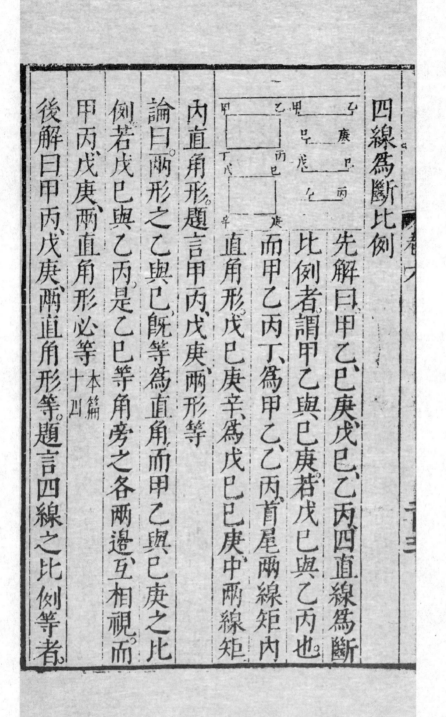

謂甲乙與巳庚。若戊巳與乙丙也

論曰。甲丙、戊庚兩形之乙與巳。既等爲直角。卽等角。旁之各兩邊。互相視。而甲乙與巳庚之比例。若戊巳與乙丙也。本篇十四。則四線爲斷比例矣

注曰。若平行斜方形。而等角。亦同此論。如上圖

以上二題。卽筭家句股法。三數筭法所賴也

第十七題 二支

三直線爲連比例。卽首尾兩線。矩內直角形。與中線上直角方形等。首尾線矩內直角形。與中線上直角方形等。

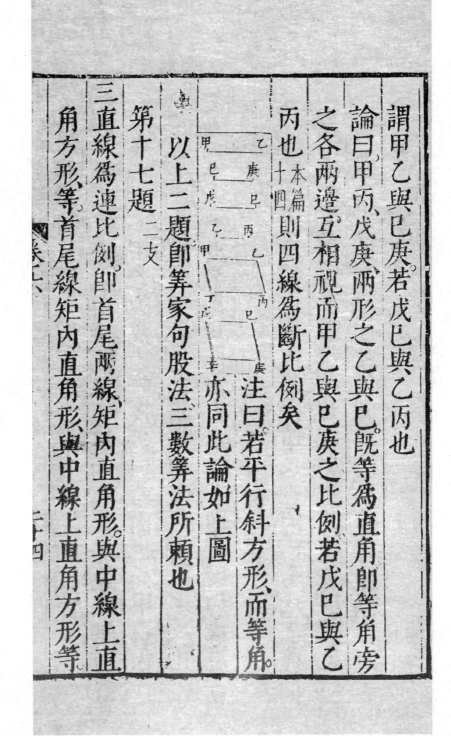

即三線爲連比例

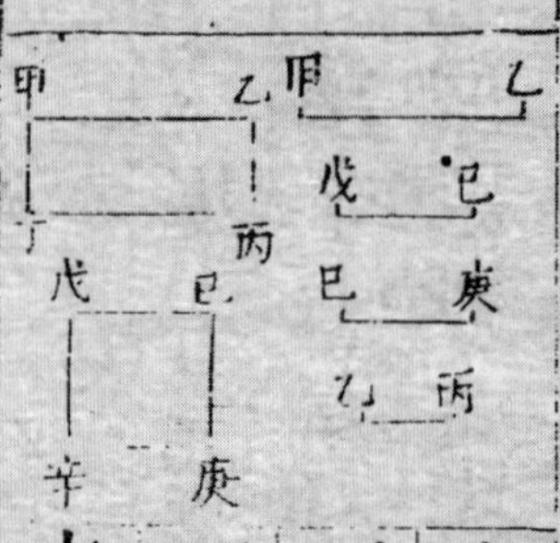

先解曰。甲乙、戊巳、乙丙、三線爲連比例者。甲乙與戊巳。若戊巳與乙丙也。而甲乙丙丁、爲甲乙、乙丙、首尾線矩內直角形。戊巳庚辛、爲戊巳上直角方形。題言甲丙、戊庚兩形等

論曰。試作巳庚線。與戊巳等。即甲乙、乙丙、巳庚、戊巳爲比例等。等者。謂甲乙與戊巳。若巳庚與乙丙也。則戊巳、巳庚、矩內直角形即戊巳上直角方形與甲乙、乙丙、首尾線矩內之甲丙形等矣本篇十六

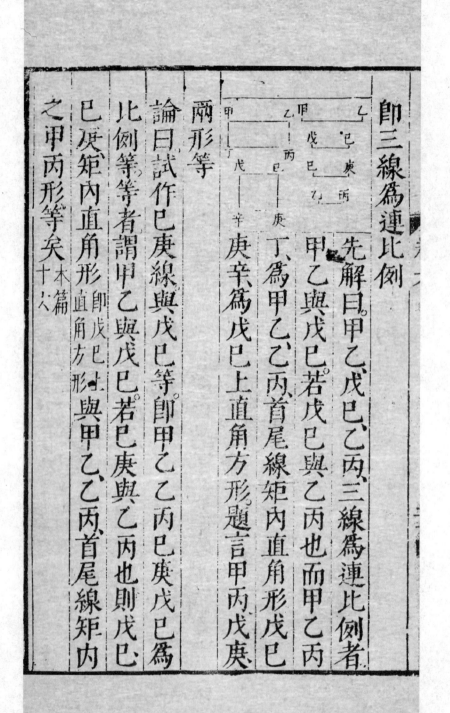

後解曰甲丙直角形與戊庚直角方形等題言甲乙與
戊巳之比例若戊巳與乙丙
論曰甲丙戊庚既皆直角形卽甲乙與戊巳之比例若
巳庚與乙丙也本篇十六而巳庚與乙丙亦若等巳庚之戊
巳與乙丙五卷七則甲乙與戊巳若戊巳與乙丙矣

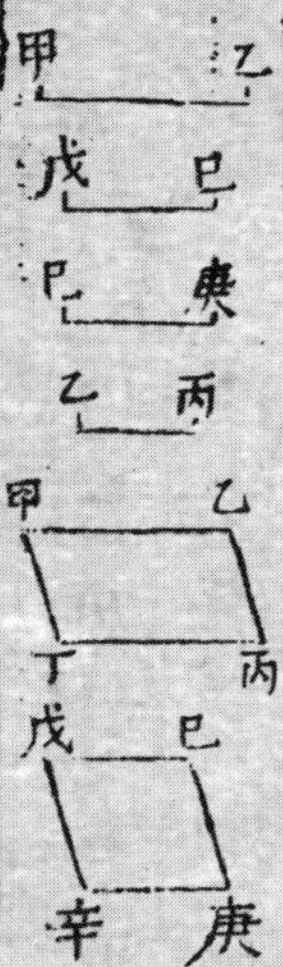

注曰若平行斜方形而等角
亦同此論如上圖

系凡直線上直角方形與他兩線所作矩內直角形等
卽此線爲他兩線之中率何者依上後論甲乙乙丙矩
內直角形與戊巳上直角方形等卽可推甲乙與戊巳

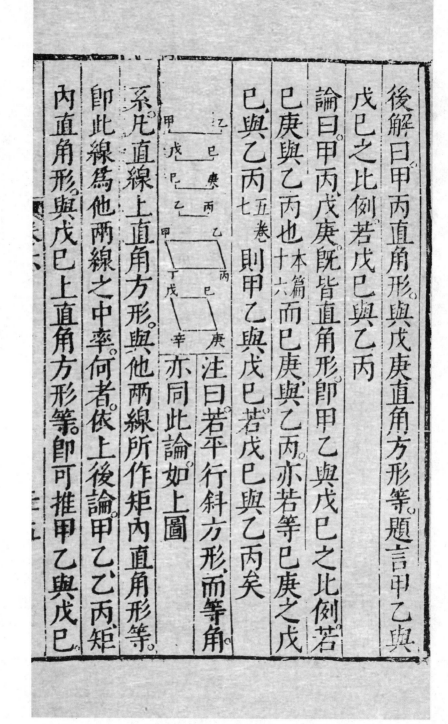

若戊巳與乙丙而戊巳爲甲乙乙丙之中率故

第十八題

直線上求作直線形與所設直線形相似而體勢等

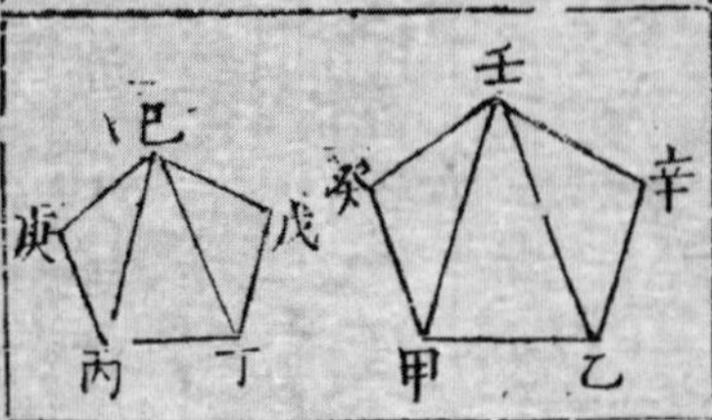

法曰如甲乙線上求作直線形與所設丙丁戊巳庚形相似而體勢等先于設形任從一角向各對角各作直線而分本形爲若干角形如上設形則從巳向丙向丁作兩直線而分爲丙丁巳丁巳戊丙巳庚三三角形也次于元線上作乙甲壬甲乙壬兩角與丁丙巳丙丁巳兩角各等其甲壬乙壬兩線遇于壬即甲壬乙與丙巳丁

兩角亦等。而甲壬乙、與丙巳丁、兩形爲等角形矣 卷二 卌一
次作乙壬辛、壬乙辛、兩角與丁巳戊、巳丁戊、兩角各等。
其壬辛、乙辛、兩線遇于辛。即乙辛壬、與丁戊巳、兩角亦
等。而乙壬辛、與丁巳戊、兩形爲等角形矣。末依上作甲
壬癸、與丙巳庚、亦爲等角形。即甲乙辛壬癸、與丙丁戊
巳庚、兩形等角。則相似而體勢等。凡設多角形、俱倣此
論曰。壬甲乙角、與巳丙丁角、既等。而壬甲癸角、與巳丙
庚角、又等。即乙甲癸全角、與丁丙庚全角等。依顯甲乙
辛、與丙丁戊、兩全角亦等。而其餘各全角俱等。則甲乙
辛壬癸、與丙丁戊巳庚、爲等角形矣。又甲乙與乙壬之

比例既若丙丁與丁巳而乙壬與乙辛亦若丁巳與丁戊（本篇四）平之即甲乙與乙辛亦若丙丁與丁戊也（五卷廿二）則甲乙辛丙丁戊兩等角旁各兩邊之比例等也而辛戊兩等角旁各兩邊之比例亦等也（兩形等角即等角旁各兩邊之比例等見）

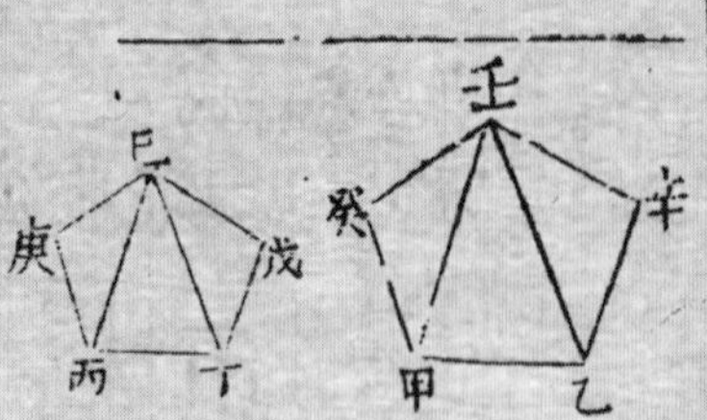

（本篇四）又辛壬與壬乙之比例既若戊巳與巳丁而壬乙與壬甲亦若巳丁與巳丙壬甲與壬癸亦若巳丙與巳庚平之即辛壬與壬癸亦若戊巳與巳庚也（五卷廿二）則辛壬癸戊巳庚兩等角旁各兩邊之比例等也依顯餘角俱如是則兩形爲等角形而各等角旁各兩邊之比例

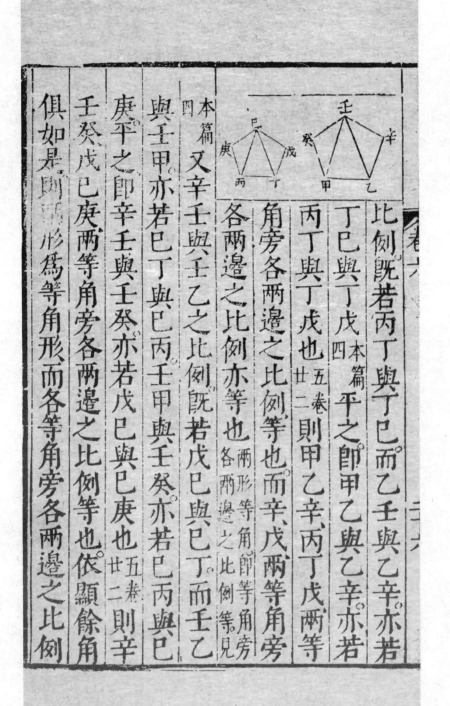

俱等。是兩形相似而體勢等

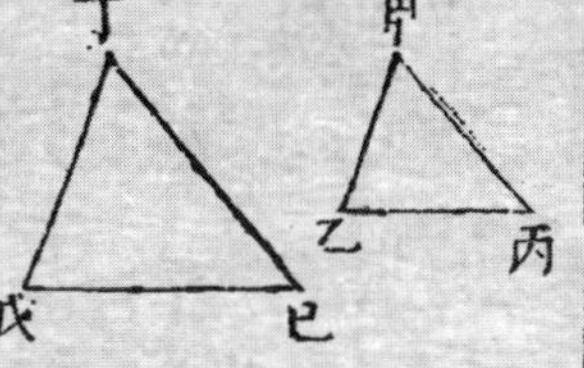

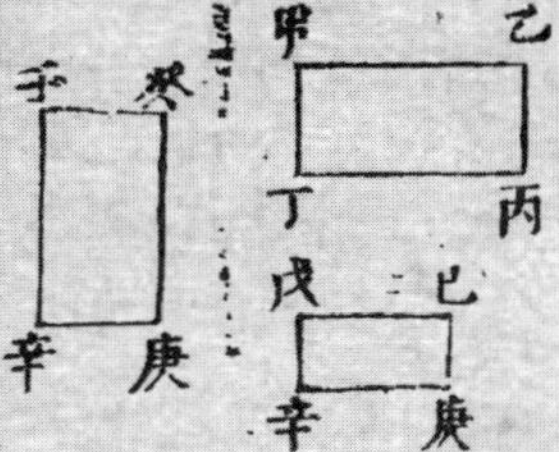

注曰。凡線上形。相當之各角等。即形相似而體勢等。如上甲乙丙、丁戊巳兩角形。其乙丙戊巳線上之乙角、丙角。與戊角、巳角。相當相等者是也。若兩形在乙丙、丁戊、兩線上。則雖相似而體勢不等。又如上甲丙戊庚兩直角形。其甲丁與丁丙之比例。若戊辛與辛庚。而餘邊之比例俱等。亦形相似而體勢等。若甲丙、壬庚兩直角形。雖角旁比例等。

而在丁丙、庚辛、線上。不相當。則體勢不等

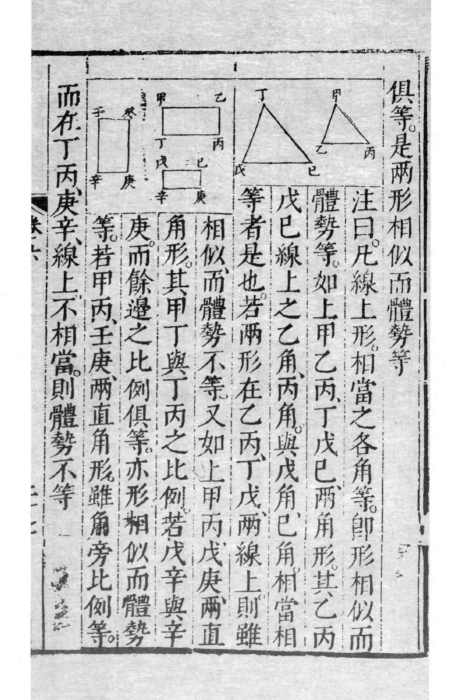

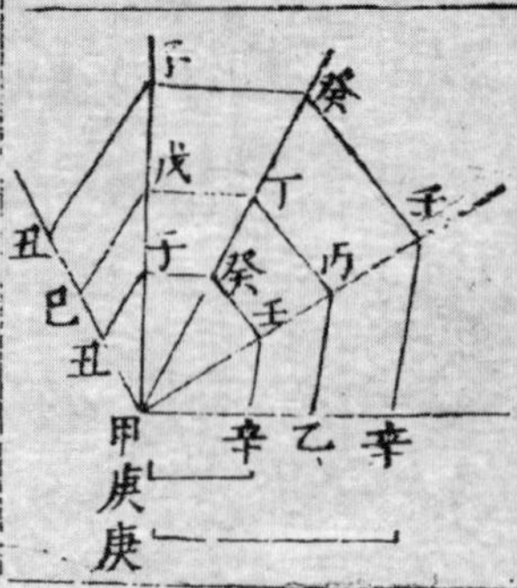

增。作本題別有一簡法。如設甲乙丙丁戊巳直線形。求于庚線上作直線形。與相似而體勢等。先于甲角旁之甲乙、甲巳兩線。任引出之。爲甲辛甲丑。次從甲向各角。各任作直線。爲甲壬、甲癸、甲子、次于甲乙線上截取甲辛。與庚線等。末從辛。作辛壬線與乙丙平行。作壬癸、與丙丁。癸子、與丁戊。子丑、與戊巳。各平行。即所求

論曰。兩形之甲角既同。甲乙丙、甲巳戊、兩角。與甲辛壬、甲丑子、兩角各等一卷廿九而甲丙乙、甲丙丁、兩角。與

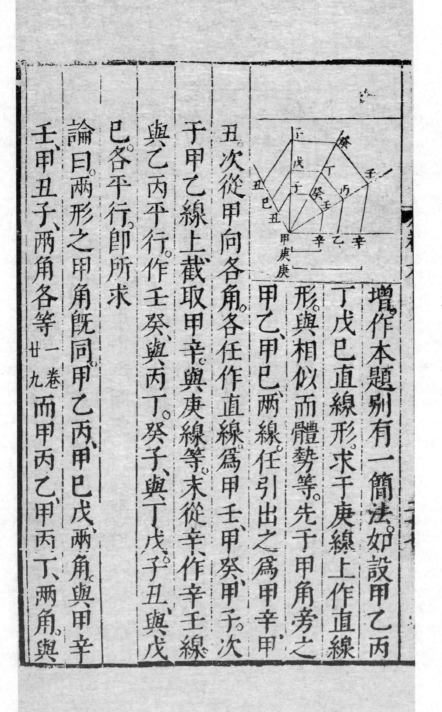

甲壬辛、甲壬癸、兩角、各等。即乙丙丁、與辛壬癸、兩全角亦等。依顯丙丁戊、丁戊巳、與壬癸子、癸子丑、各全角各等。則甲乙丙丁戊巳、與甲辛壬癸子丑、兩直線形、爲等角形矣。又甲辛壬、甲壬癸、甲癸子、甲子丑、四三角形。與甲乙丙、甲丙丁、甲丁戊、甲戊巳、四三角形、各相似本篇四之系即甲乙與乙丙之比例、若甲辛與辛壬也。而乙丙與丙甲。若辛壬與壬甲也。丙甲與丙丁。若壬甲與壬癸也。平之。則乙丙與丙丁。亦若辛壬與壬癸也。依顯餘邊俱如是。則兩形相似而體勢等也

第十九題

相似三角形之比例爲其相似邊再加之比例

解曰。如甲乙丙、丁戊巳兩角形等角。其乙與戊、丙與巳、相當之角各等。而甲乙與乙丙之比例。若丁戊與戊巳。題言兩形之比例。爲乙丙與戊巳兩邊再加之比例

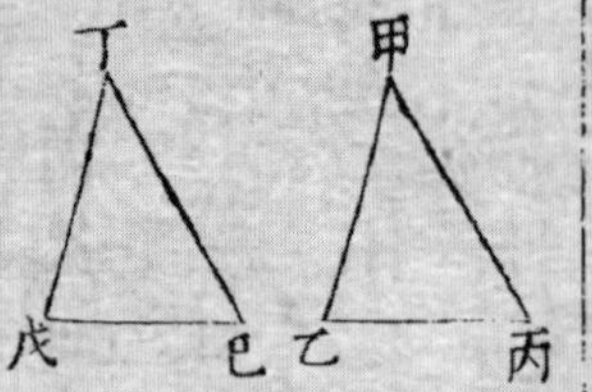

先論曰。若兩角形等。即乙丙與戊巳兩邊亦等。而各兩等邊爲相同之比例。即兩形亦相同之比例。就令作再加之比例。亦未免爲相同之比例。則相等之兩形。即可爲兩等邊再加之比例矣

後論曰。若乙丙邊大于戊巳邊。即于乙丙線上、截取乙

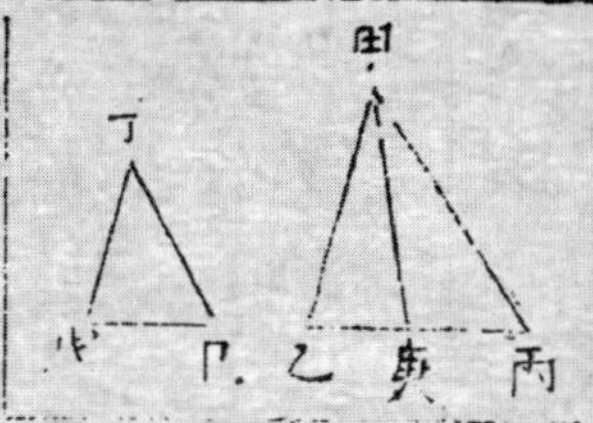

庚爲連比例之第三率。令乙丙與戊巳之比例，若戊巳與乙庚也。本篇十一次作甲庚直線。其甲乙與乙丙之比例，若丁戊與戊巳。更之，即甲乙與丁戊，若乙丙與戊巳也。而乙丙與戊巳，若戊巳與乙庚，則甲乙與丁戊，若戊巳與乙庚也。夫甲乙庚與丁戊巳兩角形，有乙戊兩等角，而各兩旁之兩邊又互相視，本篇十五即兩形等。則甲乙丙形與丁戊巳形之比例，若甲乙丙形與甲乙庚形矣。五卷七又甲乙丙與甲乙庚兩等高角形之比例，若乙丙底與乙庚底，本篇一則甲乙丙形與丁戊巳形之比例，亦若乙丙底與乙

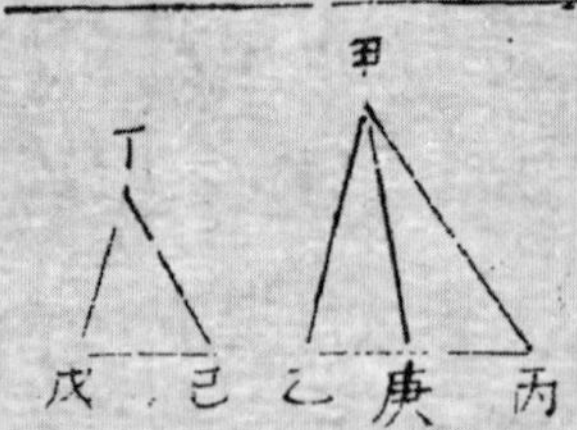

庚底也既乙丙戊巳乙庚三線為連比例則一乙丙與三乙庚之比例為一乙丙與二戊巳再加之比例矣是甲乙丙與丁戊巳兩形之比例為乙丙與戊巳再加之比例也

系依本題可顯凡三直線為連比例即第一線上角形與第二線上角形之比例若第一線與第三線之比例如上甲乙丙三直線為連比例其甲與乙之上各有角形相似而體勢等則一甲線與三丙線之比例若甲形與乙形也何者甲線與丙線之比例為甲線與乙線再加之比例而甲形與乙形之比例亦

甲線與乙線再加之比例則甲形與乙形之比例若甲線與丙線矣依顯二乙上角形與三丙上角形相似而體勢等則二乙形與三丙形之比例若一甲線與三丙線

第二十題 三支

以三角形分相似之多邊直線形則分數必等而相當之各三角形各相似其各相當兩三角形之比例若兩元形之比例其元形之比例爲兩相似邊再加之比例

先解曰此甲乙丙丁戊彼巳庚辛壬癸兩多邊直線形其乙甲戊庚巳癸兩角等餘相當之各角俱等而各等

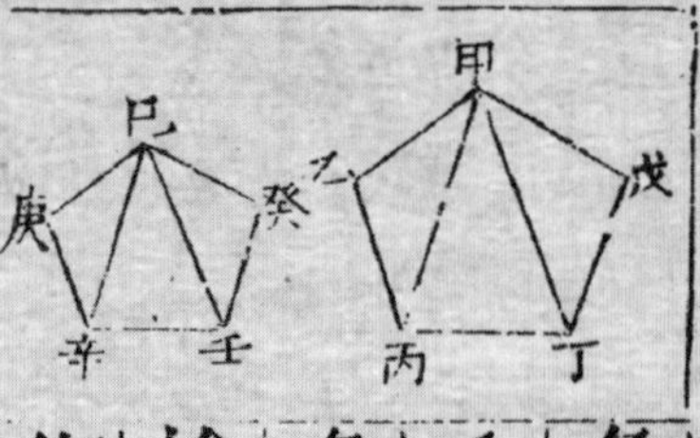

角旁各兩邊之比例各等。題先言各以角形分之其角形之分數必等。而相當之各角形各相似

論曰。試從乙甲戊、庚巳癸、兩角、向各對角、俱作直線爲甲丙、甲丁、巳辛、巳壬。其元形既相似。即角數等。而所分角形之數亦等。又乙角既與庚角等。而角旁各兩邊之比例亦等。即甲乙丙與巳庚辛兩角形必相似（本篇六）乙甲丙與庚巳辛兩角。甲丙乙與巳辛庚兩角。各等。而各等角旁各兩邊之比例各等（本篇四）依顯甲戊丁、巳癸壬、兩角形亦相似。又甲丙與丙乙之

比例既若巳辛與辛庚，而丙乙與丙丁若辛庚與辛壬，兩元形相似故平之，即甲丙與丙丁若巳辛與辛壬也。五卷廿二又乙丙丁角既與庚辛壬角等，而各減一相等之甲丙乙角、巳辛庚角，即所存甲丙丁角與巳辛壬角必等，則甲丙丁與巳辛壬兩角形亦等角形，亦相似矣。本篇六

解曰：題又言各相當角形之比例若兩元形之比例。曰：甲乙丙、巳庚辛兩角形既相似，即兩形之比例為甲丙、巳辛兩相似邊再加之比例。十九本篇依顯甲丙丁、巳辛壬之比例亦為甲丙、巳辛再加之比例，則甲乙丙與巳庚辛兩角形之比例若甲丙丁與巳辛壬兩角形之

比例依顯甲丁戊與巳壬癸之比例亦若甲丙丁與巳辛壬之比例則此形中諸角形之比例若彼形中諸角形之比例此諸形爲前率彼諸形爲後率而一前與一後之比例又若并前與并後之比例五卷十二即此一角形與

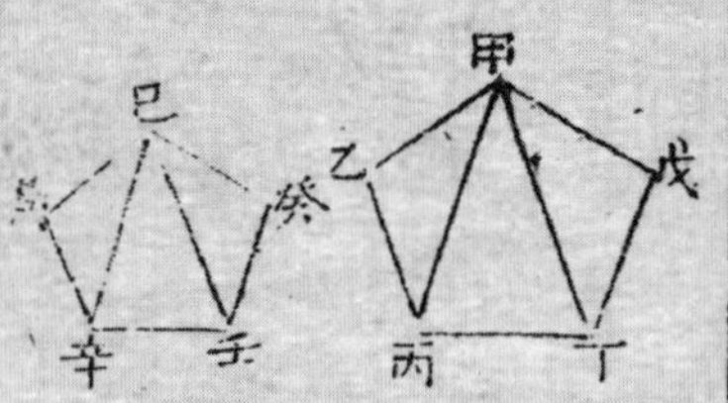

相當彼一角形之比例若此元形與彼元形之比例矣

後解曰題又言兩多邊元形之比例爲兩相似邊再加之比例

論曰甲乙丙與巳庚辛兩角形之比例既若甲乙丙丁戊與巳庚辛壬癸兩多邊形之比例而甲乙丙與巳庚

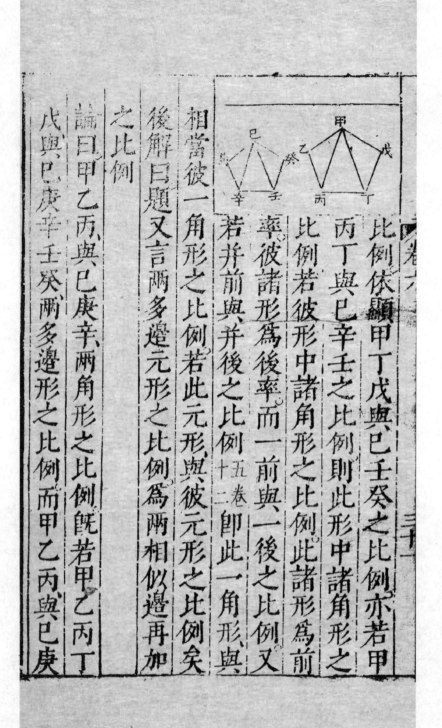

辛、兩形之比例、爲甲乙巳庚兩相似邊再加之比例（本篇十九）則兩元形、亦爲甲乙巳庚再加之比例

增題此直線倍大于彼直線、則此線上方形與彼線上方形爲四倍大之比例若此方形與彼方形爲四倍大之比例則此方形邊與彼方形邊爲二倍大之比例

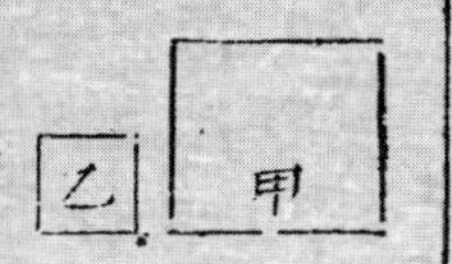

先解曰甲線倍乙線題言甲上方形與乙上方形爲四倍大之比例

論曰凡直角方形俱相似（本卷界說一）依本題論則甲方形與乙方形之比例爲甲線與乙線再加之

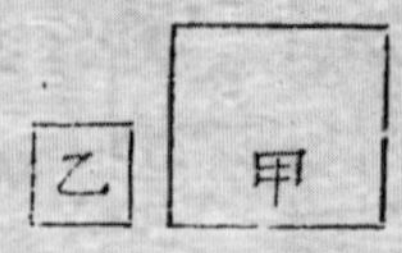

比例甲線與乙線既爲倍大之比例則兩方形爲四倍大之比例矣何者四倍大之比例爲二倍大再加之比例若一、二、四爲連比例故也

後解曰若甲上方形與乙上方形爲四倍大之比例題言甲邊與乙邊爲二倍大之比例

論曰兩方形四倍大之比例既爲兩邊再加之比例

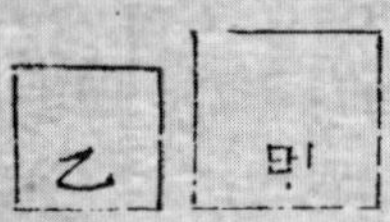

則甲邊二倍大于乙邊

系依此題可顯三直線爲連比例如甲、乙、丙則第一線上多邊形與第二線上相似多邊

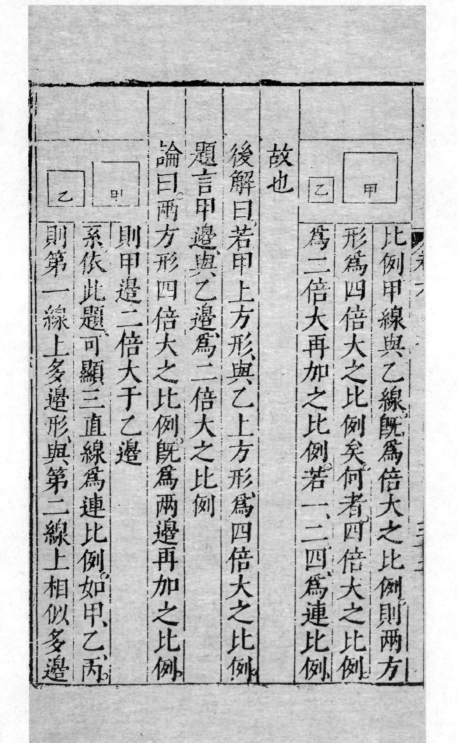

丙形之比例若第一線與第三線之比例

此系與本篇第十九題之系同論

第二十一題

兩直線形各與他直線形相似則自相似

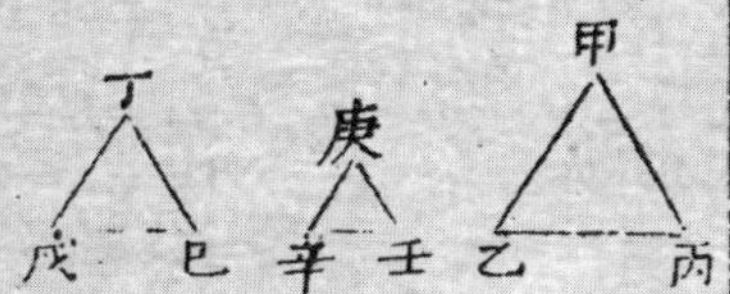

解曰甲乙丙丁戊巳兩直線形各與庚辛壬形相似題言兩形亦自相似

論曰甲乙丙形之各角既與庚辛壬形之各角等而丁戊巳形之各角亦與庚辛壬形之各角等即兩形之各角自相等公論兩形之各角既等則甲乙丙形與庚辛壬形各等角旁各邊之比例等

十而丁戊巳形與庚壬辛形各等角旁各邊之比例亦等也是甲乙丙形與丁戊巳形各等角旁各邊之比例亦等也各角既等各邊之比例又等即兩形定相似矣本卷界說一

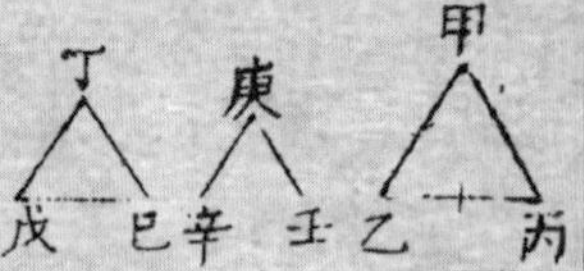

第二十二題二支

四直線為斷比例則兩比例線上各任作自相似之直線形亦為斷比例兩比例線上各任作自相似之直線形為斷比例則四直線為斷比例

先解曰甲乙丙丁戊巳庚辛四直線為斷比例者甲乙與丙丁若戊巳與庚辛也今于甲乙丙丁上各任作直

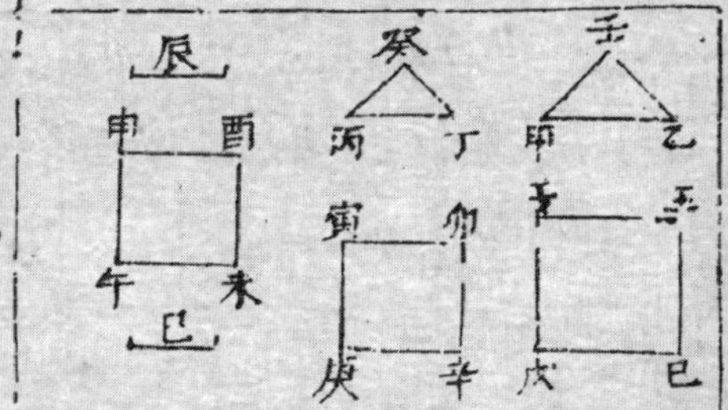

線形自相似如甲乙壬丙丁癸于戊巳庚辛上各任作直線形自相似如戊巳丑子庚辛卯寅題言四形亦爲斷比例者謂甲乙壬與丙丁癸若戊丑與庚卯也

論曰試以甲乙丙丁兩線求其連比例之末率線爲辰（本篇十一）次以戊巳庚辛兩線求其連比例之末率線爲巳平之即甲乙與辰之比例若戊巳與巳也（五卷廿二）夫甲乙壬與丙丁癸兩相似形之比例若甲乙線與辰線（本篇十九及廿之系）而戊丑與庚卯兩相似形之比例若戊巳線與巳線則甲乙壬與丙丁癸之比

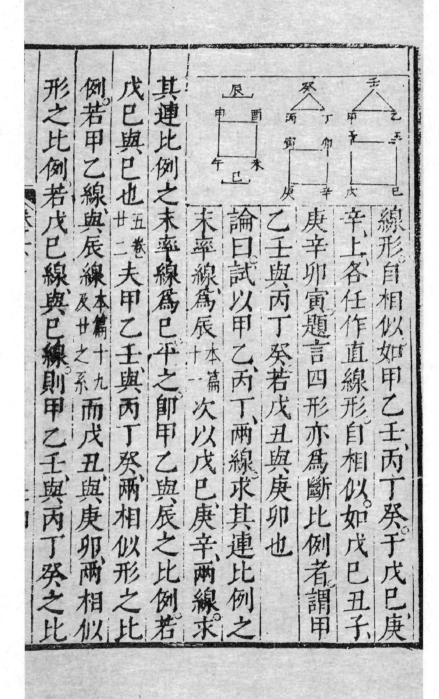

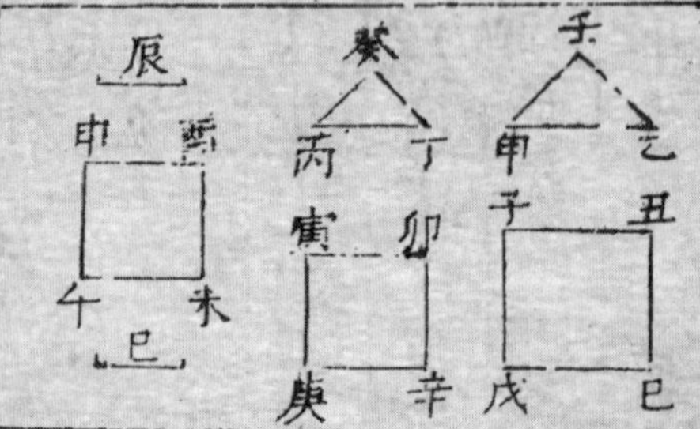

例亦若戊丑與庚卯矣五卷十一
後解曰如前四形爲斷比例題言甲乙丙
丁戊巳庚辛四線亦爲斷比例
論曰試以甲乙丙丁戊巳三線求其斷比
例之末率線爲午未本篇十二次于午未上作
直線形與戊丑相似而體勢等爲午未酉
甲本篇十八午酉與戊丑相似即與庚卯亦相似而甲乙與
丙丁之比例既若戊巳與午未依上論即甲乙壬與丙
丁癸兩形之比例若戊丑與午酉矣夫甲乙壬與丙丁
癸之比例元若戊丑與庚卯則戊丑與午酉亦若戊丑

與庚卯也（五卷十一）而午酉與庚卯等也（五卷九）午酉與庚卯既等。又相似而體勢等。即兩形必在等線之上。而庚辛與午未必等（見下方補論）則戊巳與午未之比例。若戊巳與庚辛也。而戊巳與午未。元若甲乙與丙丁。則甲乙與丙丁。亦若戊巳與庚辛也

補論曰。庚卯、午酉、兩直線形。相等、相似、而體勢等。即在等線之上者。何也。葢庚辛與午未若云不等者。或言庚辛大于午未也。則辛卯宜亦大于未酉矣（五卷十四）而庚卯形、宜亦大于午酉形矣。何先設兩形等也。言小、倣此（補論者。前此未著。而論中無他論可徵。故別作一論以足未備）

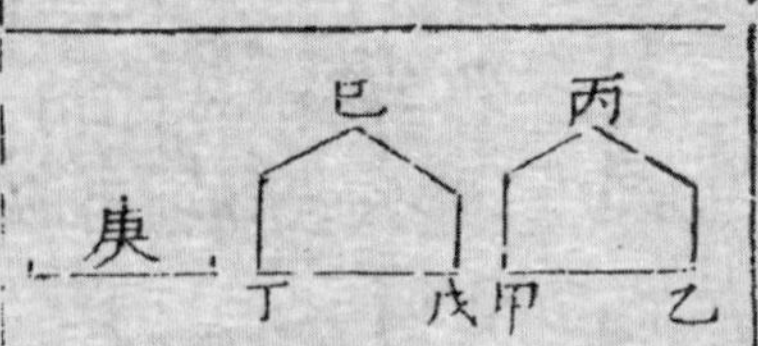

又補論曰甲乙丙丁戊巳兩直線形相等相似而體勢等即相似邊如甲乙與丁戊必等者何也蓋云不等者或言甲乙大于丁戊也即令以甲乙丁戊兩線求其連比例之末率線爲庚本篇十一其甲乙與丁戊既若丁戊與庚而甲乙大于丁戊即丁戊宜大于庚即甲乙宜更大于庚矣然甲乙與庚之比例若甲乙丙形與丁戊巳形本篇十九及廿之系甲乙既大于庚則甲乙丙宜大于丁戊巳何先設兩形等也是甲乙不能大于丁戊矣言小倣此

增論曰本題別有簡論今先顯四線之比例等而甲乙

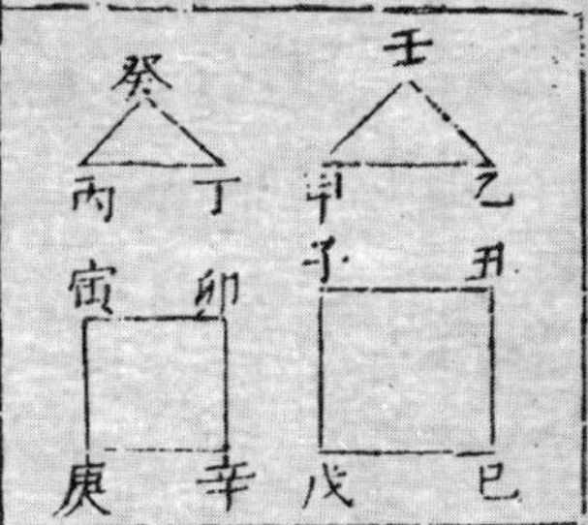

壬與丙丁癸兩形之比例若戊丑與庚卯兩形者葢甲乙與丙丁之比例若戊巳與庚辛而甲乙壬與丙丁癸之比例爲甲乙與丙丁再加之比例本篇十九戊丑與庚卯之比例亦爲戊巳與庚辛再加之比例是甲乙壬與丙丁癸若戊丑與庚卯也

次增論曰今顯四形之比例等而甲乙與丙丁兩線之比例若戊巳與庚辛兩線者葢甲乙壬與丙丁癸之比例若戊丑與庚卯而甲乙壬與丙丁癸之比例爲甲乙與丙丁再加之比例若戊丑與庚卯爲戊巳

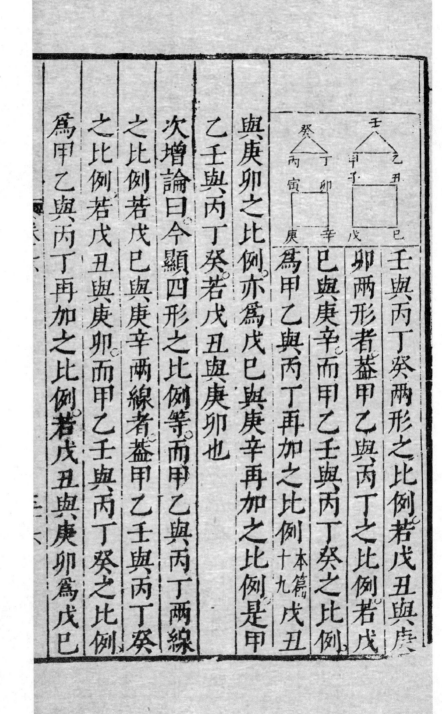

與庚辛再加之比例（本篇十九）則甲乙與丙丁之比例若戊巳與庚辛矣

第二十三題

等角兩平行方形之比例以兩形之各兩邊兩比例相結

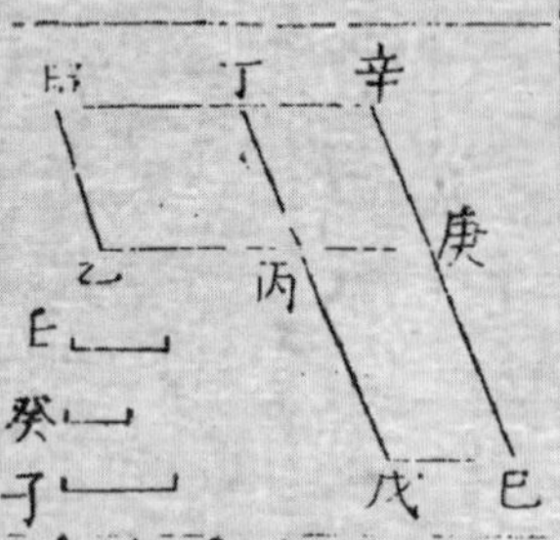

解曰甲丙丙巳兩平行方形之乙丙丁戊丙庚兩角等題言兩形之比例以各等角旁各兩邊之比例相結者謂兩比例之前率在此形兩比例之後率在彼形如甲丙與丙巳之比例以乙丙與丙庚偕丁丙與丙戊相結也或以乙丙與丙戊偕丁丙與丙庚相結也

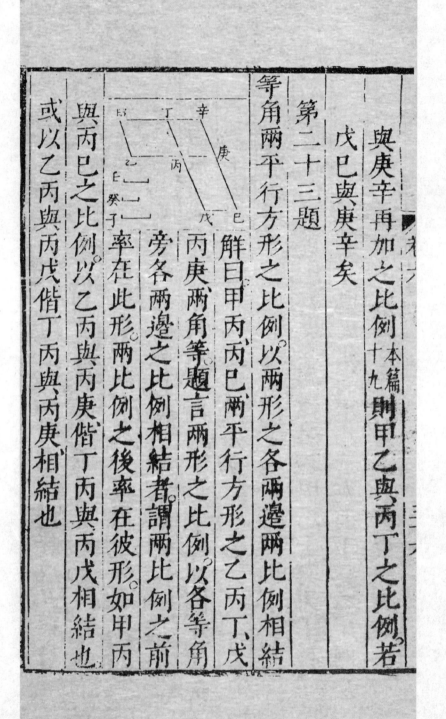

論曰：試以兩等角相聯于丙，而乙丙、丙庚作一直線，其乙丙丁角既與戊丙庚角等，即戊丙、丙丁亦一直線一卷十五增。次于甲丁、巳庚各引長之，遇于辛。次任作一壬線。次以乙丙、丙庚、壬三線求其斷比例之末率線，爲癸本篇十二。末以丁丙、丙戊、癸三線求其斷比例之末率線，爲子。其乙丙與丙庚兩底之比例，既若甲丙與丙辛兩形本篇一，而乙丙與丙庚亦若壬與癸，則甲丙與丙辛亦若壬與癸也五卷十一。依顯丙辛與丙巳亦若癸與子也。平之，即甲丙與丙巳若壬與子也五卷廿二。夫壬與子之比例，元以壬與癸、癸與子兩比例相結本卷界說五，而壬與癸、癸與子元若乙丙與丙庚丁丙與丙戊則甲丙與丙巳之比例以乙丙與丙庚偕丁丙與丙戊兩比例相結也其以乙丙與丙戊偕丁丙與丙庚相結則先以乙丙、丙戊為一直

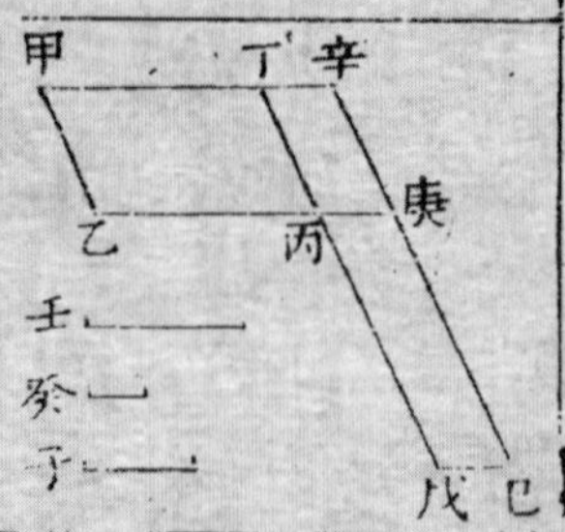

線可依上推顯

後注曰此不同理之比例也兩形不相似（本篇十九）又不相等之形也等角旁各兩邊不互相視（本篇十四）故必用相結之理必須借象之術其法假虛形實所以通比例之窮也以數明之乙丙六十丙庚二十壬三求得癸一丁丙四十丙戊八十癸一求得子二即甲丙之

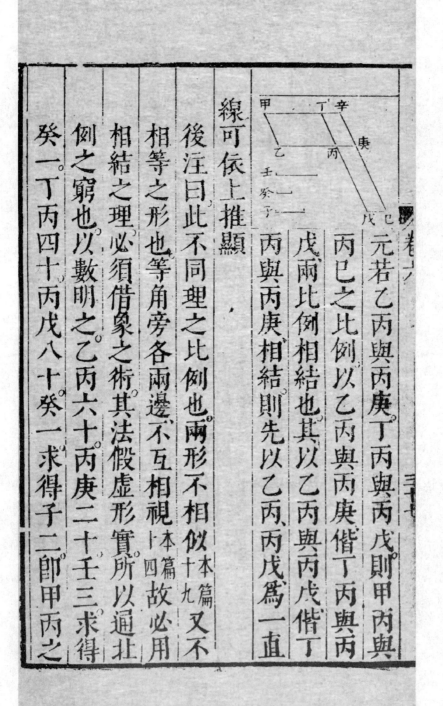

實二千四百、與丙巳之實一千六百。若壬三與子二、爲等帶半之比例也。其曰壬與癸、癸與子、兩比例相結者。壬三倍大于癸。癸反二倍大于子。反二倍者。癸得子之半三乘半、得一五。則壬與子、爲等帶半之比例也。其曰借象者。乙丙與丙庚。丁丙與丙戊。二比例既不同理。又與中率。故借壬與癸、癸與子、同中率而不同理之二比例、以爲象。本卷界說五初作壬與癸。若乙丙與丙庚。次作癸與子。若丁丙與丙戊。本篇十二則癸爲前率之後。又爲後率之前。是爲壬子首尾兩率之樞紐。令相象之丙庚、丁丙、亦化兩率。爲一率。爲乙丙、丙戊首尾兩率之樞紐因以兩比例相結爲首尾兩率之比例雖不能使三率爲同理之兩比例而合爲一連比例亦能使兩不同理之比例首尾合而爲一比例矣自三以上可倣此相借以至無窮也本卷界說五

第二十四題

平行線方形之兩角線方形自相似亦與全形相似

解曰甲乙丙丁平行方形作甲丙對角線任作戊巳庚辛兩線與丁丙乙丙平行而與對

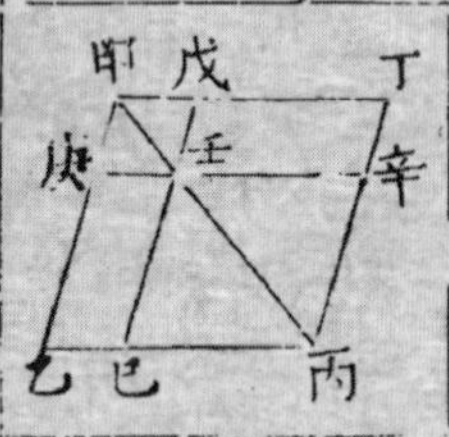

角線交相遇于壬題言戊庚巳辛兩角線方形自相似亦與全形相似

論曰。試依一卷廿九題推顯兩角線形等角。又庚甲戊與乙甲丁同角。而甲戊壬外角與甲丁丙內角等。甲庚壬外角與甲乙丙內角等。戊壬庚外角與乙巳壬內角等。乙巳壬外角又與乙丙丁內角等。則戊庚形與甲丙全形等角矣。依顯巳辛形亦與全形等角矣。今欲顯兩形與全形相似者。試觀甲庚壬與甲乙丙兩角形。甲戊壬與甲丁丙兩角形。既各等角（一卷廿九可推。仍見本篇四之系）即甲乙與乙丙之比例。若甲庚與庚壬。而庚乙兩角旁各兩邊之比例等也（六卷四） 又乙丙與丙甲之比例。若庚壬與壬甲。丙甲與丙丁之比例。若壬甲與壬戊。平之。即乙丙與丙丁。若庚壬與壬戊也五卷廿二則乙丙丁、庚壬戊兩角旁各兩邊之比例等也。依顯各角旁各兩邊之比例皆等。是兩角線方形。自相似。亦與全形相似

第二十五題

兩直線形。求作他直線形。與一形相似。與一形相等

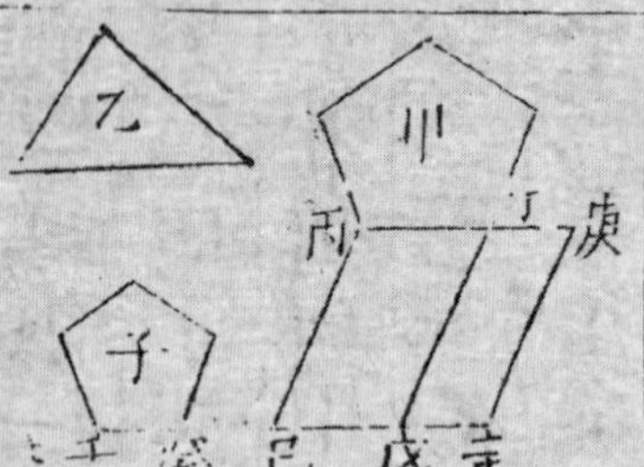

法曰。甲、乙兩直線形。求作他直線形。與甲相似。與乙相等。先于求相似之甲形。任取一邊。如丙丁。于丙丁邊上。作平行方形。與癸甲等。為丙戊一卷四四四五次于丁戊邊上作平行方形。與乙等。而戊丁庚角。與丁丙己角

等。爲丁辛。其丙丁庚。巳戊辛。俱爲直線也[一卷四五可推]次作
一壬癸線。爲丙丁丁庚之中率[本篇十三]末于壬癸上作子
形。與甲相似而體勢等[本篇十八]卽子形與乙等
論曰。丙丁、壬癸、丁庚三線。旣爲連比例。卽依本篇二十
題之系。可顯一丙丁、與三丁庚之比例。若一丙丁上之
甲、與二壬癸上之子、兩形相似而體勢等者之比例也。
又丙丁與丁庚之比例。若丙戊與丁辛、兩等高平行方
形之比例也[本篇一]則丙戊與丁辛。若甲與子矣。夫丙戊
與丁辛。元若甲與乙也[丙戊與甲等。丁辛與乙等]則甲與乙之比例。
若甲與子也[五卷十一]而乙形與子形等矣[五卷九]

第二十六題

平行方形之內減一平行方形其減形與元形相似而體勢等又一角同則減形必依元形之對角線

解曰乙丁平行方形之內減戊庚平行方形元形減形相似而體勢等又戊甲庚同角題言戊庚形必依乙丁形之對角線

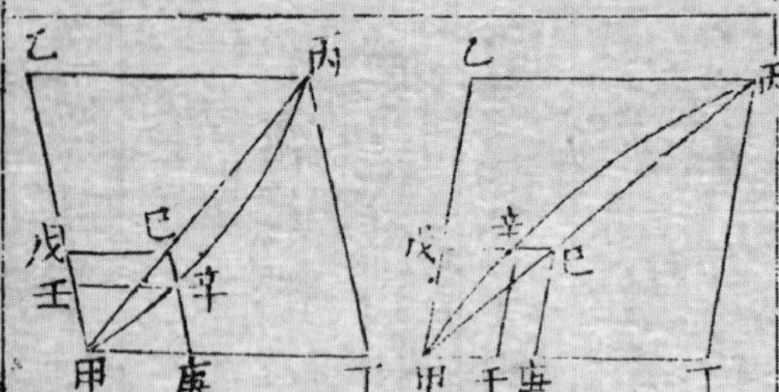

論曰試作甲巳巳丙對角兩線若兩線爲一直線即顯戊庚形依甲丙對角線矣如云甲巳巳丙非一直線令別作元形之對角線而分戊巳邊于辛即作辛壬線與巳

庚平行。其乙丁、戊壬、兩平行方形。既同依甲辛丙一直對角線。則宜相似而體勢等矣（本篇廿四）是乙甲與甲丁之比例。宜若戊甲與甲壬也。夫乙甲與甲丁元若戊甲與甲庚（元設形相似而體勢等）今若所云。則戊甲與甲庚。亦若戊甲與甲壬矣（五卷十一）而甲壬分與甲庚全。亦等矣（五卷九）可乎。若云甲辛丙分巳庚于辛。即令作辛壬。與巳戊平行。依前論駁之

第二十七題

凡依直線之有闕平行方形。不滿線者。其闕形、與半線上之闕形、相似而體勢等。則半線上似闕形之有闕依形。

必大于此有闕依形

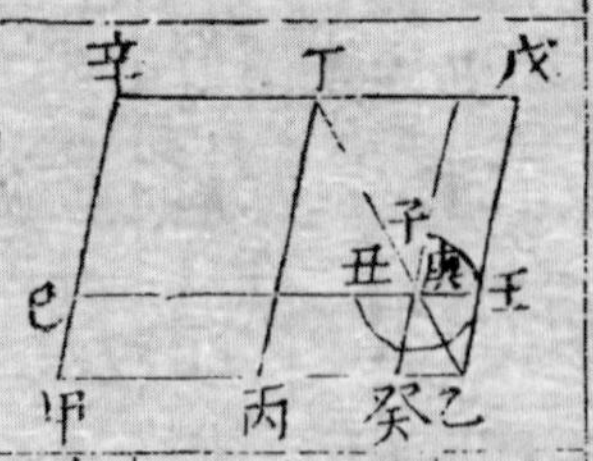

解曰。甲乙線。平分于丙。于半線丙乙上。任作丙丁戊乙平行方形。其對角線乙丁。次作甲乙戊辛滿元線平行方形。即甲丁爲甲丙半線上之有闕依形。丙戊爲丙乙半線上之闕形。本卷界說六 此兩形相等。相似。勢體又等。題言甲乙線上。凡作有闕依形不滿線者。其闕形。與丙戊相似而體勢等。即甲丙半線上之甲丁有闕依形。必大于此有闕依形

論曰。試于乙丁對角線上。任取一點爲庚。從庚作巳庚、

壬線。庚癸線。與甲乙、乙戊各平行。即得甲庚、爲依甲乙
元線之有闕平行方形。而癸壬爲其闕形。此癸壬闕形。
既依乙丁對角線。則與丙戊闕形相似而體勢等（本篇廿四）
夫丙庚、庚戊兩餘方形既等（一卷四三）若每加一癸壬角線
方形。即丙壬與癸戊亦等也。又丙壬與丙巳俱在兩平
行線內。底等。即兩形等（一卷三六）而丙巳與癸戊兩形亦等。
若每加一丙庚形。是甲庚平行方形。與子丑磬折形。亦
等也。丙戊平行方形。函子丑罄折形之外。尚有庚丁形。
則丙戊形。必大于子丑磬折形。而等丙戊之甲丁形（丙戊甲丁同在兩平行線內。又等底故。見一卷三六）必大于等罄折形之甲庚形矣

依題凡依乙丁對角線作形。與丙戊相似者。其有關依形。俱小于甲丁也。爲其必有庚丁之較、故也

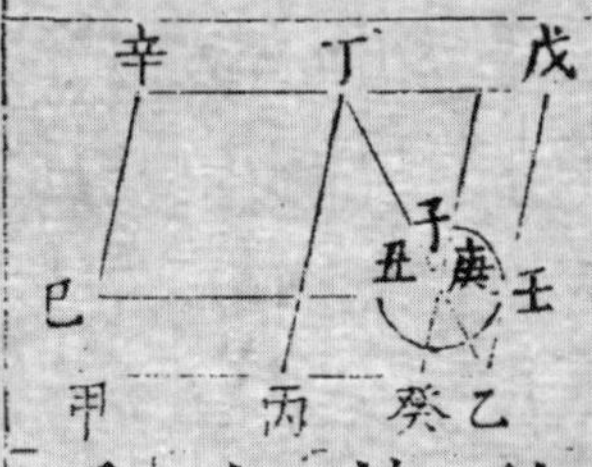

又論甲丁必大于甲庚曰。巳丁、丁壬、兩平行方形。同在兩平行線內。又底等。卽兩形等（一卷卅六）而庚戊爲丁壬之分。則丁壬大于庚戊較餘一庚丁形。其大于丙庚亦如之（庚戊、丙庚、兩餘方形等故、見一卷四三）卽等丁壬之巳丁形。其大于丙庚。亦較餘一庚丁形也。次每加一丙巳形。則甲丁必大于甲庚矣

又解曰。若庚點在丙戊形外。卽引乙丁對角線至庚。從

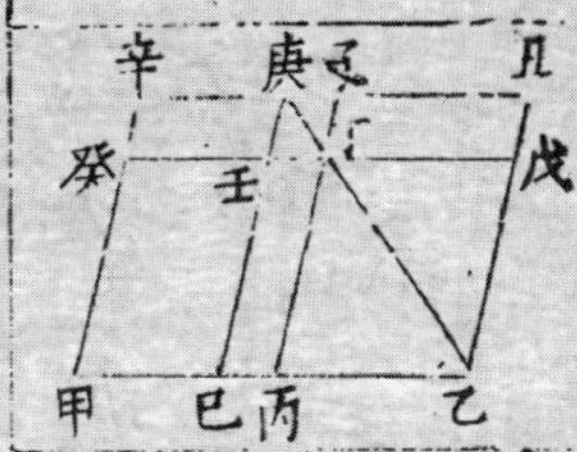

庚作辛丑線。與癸戊平行。次引甲癸線至辛。引乙戊線至丑。而與辛丑線遇于辛、于丑。末作庚巳線。與辛甲平行。即得甲庚為依甲乙元線之有闕平行方形。又得巳丑、與丙戊相似而體勢等者（兩形同依乙庚對角線故。見本篇廿四）為其闕形也。題言甲丁形。亦大于甲庚形

論曰。試于丙丁線引出之。至子。即辛子、子丑、兩線等（一卷卅四）而辛丁、丁丑、兩形亦等（一卷卅六）其丁丑、巳丁、兩餘方形既等。即巳丁與辛丁亦等。夫辛丁大于辛壬。既較餘一庚丁形。則巳丁之大于辛壬。亦較餘一庚丁形也。此兩

率者。每加一甲壬平行方形。則甲丁大于甲庚者。亦較餘一庚丁形矣。依顯凡乙丁對角線。引出丙戊形外。依而作形。與丙戊相似者。其有闕依形。俱小于甲丁也。爲其必有庚丁之較故也

第二十八題

一直線。求作依線之有闕平行方形。與所設直線形等。而其闕形、與所設平行方形相似。其所設直線形。不大于半線上所作平行方形。與所設平行方形相似者

法曰。甲乙線。求作依線之有闕平行方形。與所設直線形丙等。而其闕形、與所設平行方形丁相似。先以甲乙

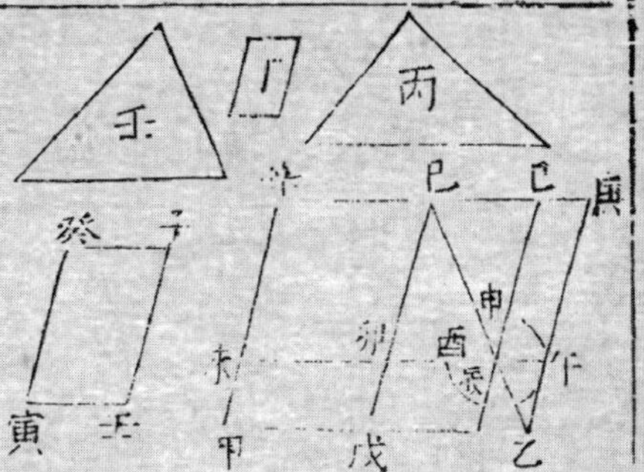

線兩平分于戊，次于戊乙半線上作戊巳庚乙平行方形，與丁相似而體勢等。本篇十八次作甲辛庚乙滿元線平行方形。若甲巳平行方形與丙等者，本篇廿五即得所求矣。若甲巳大于丙者，題言甲巳小即不可作見本篇廿七即巳等甲巳之戊庚亦大于丙也。則尋戊庚之大于丙幾何。假令其較爲壬，兩直線形不等，相減之較，法見一卷四五增即作癸子丑寅平行方形。與壬等。又與戊庚形相似而體勢等。本篇廿五則戊庚平行方形與丙直線形及癸丑平行方形并等。而戊庚必大于癸丑矣。夫戊庚與

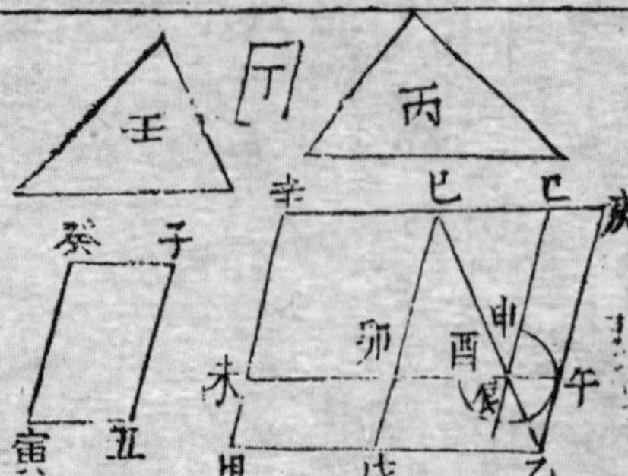

癸丑既相似即戊巳與巳庚兩邊之比例若寅癸與癸子也而戊庚既大于癸丑即戊巳巳庚兩邊亦大于寅癸癸子也次截取巳巳巳卯與癸子癸寅等而作巳巳辰卯平行方形必與癸丑形相等相似而體勢等矣又卯巳形既與戊庚相似而體勢等必同依乙巳對角線也本篇廿六次于巳辰線引出抵甲乙于亓線于卯辰兩界各引出作午未線即甲辰為依甲乙線之有闕平行方形與丙等而其闕形乙辰與戊庚相似本篇廿四即亦與丁相似

論曰：辰庚與辰戊兩餘方形既等，一卷四三每加一乙辰角線方形，卽乙巳與戊午亦等。而與等戊午之戊未亦等（戊午、戊未同在平行線內。又底等故，見一卷卅六）。乙巳與戊未既等，又每加一戊辰方形，卽甲辰平行方形與申酉磬折形亦等矣。夫申酉磬折形爲戊庚形之分，而戊庚與丙及癸丑等，戊庚所截去之卯巳又與癸丑等，則申酉磬折形與丙等也。而甲辰亦與丙等也。

第二十九題

一直線求作依線之帶餘平行方形與所設直線形等，而其餘形與所設平行方形相似。

法曰。甲乙線。求作依線之帶餘平行方形。與所設直線形丙等。而其餘形。與所設平行方形丁相似。先以甲乙線兩平分于戊。次于戊乙半線上。作戊巳庚乙平行方形。與丁相似而體勢等（本篇十八）次別作一平行方形。與丙及戊庚并等。爲

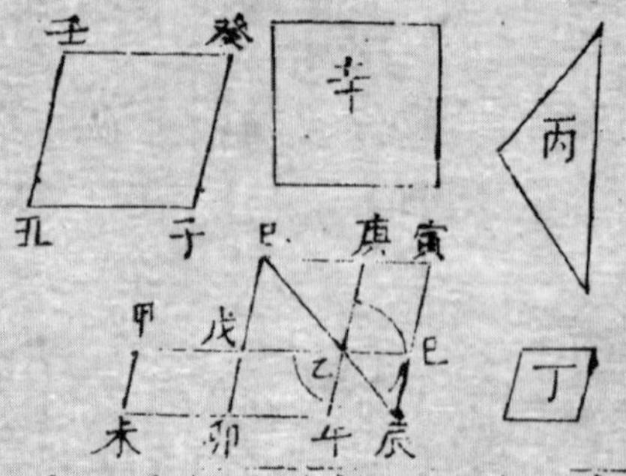

辛（二卷十四）次別作一平行方形。與辛等。又與丁相似而體勢等。爲壬癸子丑（本篇廿五）其丑癸既與辛等。即大于戊庚而丑癸既與戊庚相似。即丑壬與壬癸兩邊之比例若戊巳與巳庚也。而丑壬與壬癸兩線。必大于戊巳與巳

庚也若等或小即丑癸不大于戊庚次于巳戊引之至卯與壬丑等于巳庚引之至寅與壬癸等而作卯寅平行方形即卯寅與丑癸同依辰巳對角線而等本篇廿六又與戊庚相似而體勢等矣次于甲乙引之至巳庚乙引之至午于午卯引之至未末作甲未線與巳卯平行即得甲辰帶餘平行方形依甲乙線與丙等而巳午為其餘形與戊庚形相似而體勢等本篇廿四即與丁相似而體勢等

論曰甲卯戊午兩形既等一卷卅六戊午與乙寅兩餘方形又等一卷四三則甲卯與乙寅亦等矣而每加一卯巳形則甲辰平行方形與戊辰寅罄折形亦等矣夫戊辰寅罄

折形元與丙等（丑癸即卯寅。與丙及戊庚并等。每減一戊庚即壘折形與丙等）即甲辰

亦與丙等

第三十題

一直線。求作理分中末線

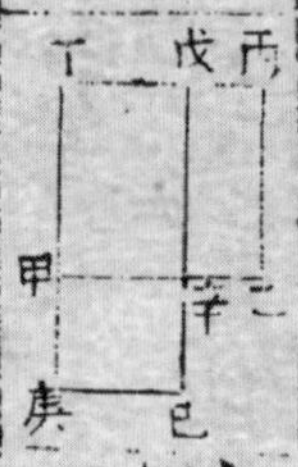

法曰。甲乙線。求理分中末。先于元線作甲乙丙丁直角方形。次依丁甲邊。作丁巳帶餘平行方形。與甲丙直角方形等。而甲巳為其餘形。又與甲丙形相似（本篇廿九）即甲巳亦直角方形矣（惟直角方形恒與直角方形相似）則戊巳線。分甲乙于辛。為理分中末線也（本卷界說三）

論曰。丁巳與甲丙兩形既等。每減一甲戊形。即所存甲

巳辛丙、兩形亦等矣。此兩形之甲辛巳戊辛乙、兩角既等（兩皆直角故）即兩角旁之各兩邊線為互相視之線也（本篇十四）而等戊辛之甲乙線與等辛巳之甲辛線。其為比例。若甲辛與辛乙也。是甲辛乙線為理分中末也

又論曰。甲乙、甲辛、辛乙、凡三線。而第一、第三、矩內之辛丙直角形。與第二甲辛上直角方形等。即三線為連比例（本篇十七）而甲乙與甲辛。若甲辛與辛乙矣

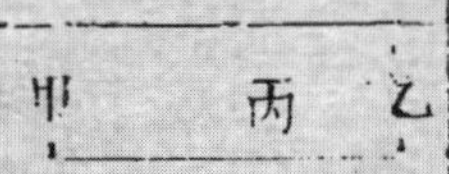

又法曰。甲乙線求分于丙。而甲乙偕丙乙矩內直角形。與甲丙上直角方形等（二卷十一）即甲乙之分于丙。為理分中末線。蓋甲乙、甲丙、丙乙、三線為連比

例故本篇廿七

第三十一題

三邊直角形之對直角邊上一形與直角旁邊上兩形若相似而體勢等則一形與兩形并等

解曰甲乙丙三邊直角形乙甲丙爲直角

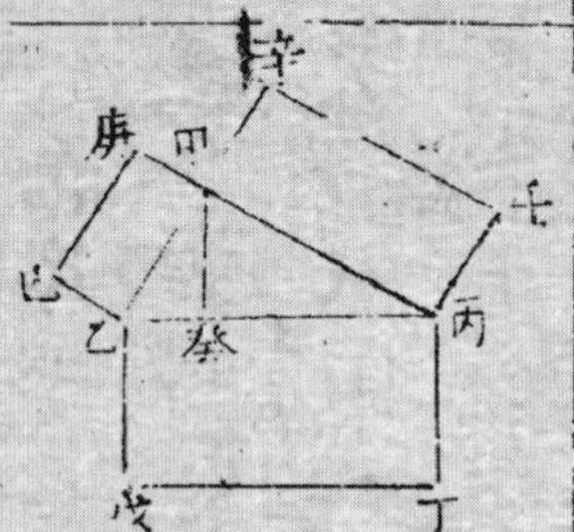

于乙丙上任作直線形爲乙丙丁戊次于甲乙甲丙上亦作甲乙巳庚甲丙壬辛兩形與乙丁形相似而體勢等本篇十八題言乙丁形與乙庚丙辛兩形并等

論曰試從甲作甲癸爲乙丙之垂線依本篇第八題之

系即乙丙與丙甲兩邊之比例若丙甲與丙癸兩邊則一乙丙邊與三丙癸邊之比例若一乙丙上之乙丁形與二甲丙上之丙辛形也（本篇十九或二十之系）反之則丙癸與乙丙兩邊之比例若丙辛與乙丁兩形也依顯乙癸與乙丙兩邊之比例若乙庚與乙丁兩形也（乙丙乙甲乙癸三邊爲連比例故見本篇八之系）夫一丙癸與二乙丙之比例既若三丙辛與四乙丁而五乙癸與二乙丙之比例亦若六乙庚與四乙丁則一丙癸五乙癸幷與二乙丙之比例若三丙辛六乙庚幷與四乙丁也既一丙癸五乙癸幷與二乙丙等則三丙辛六乙庚幷與四乙丁亦等（五卷廿四）

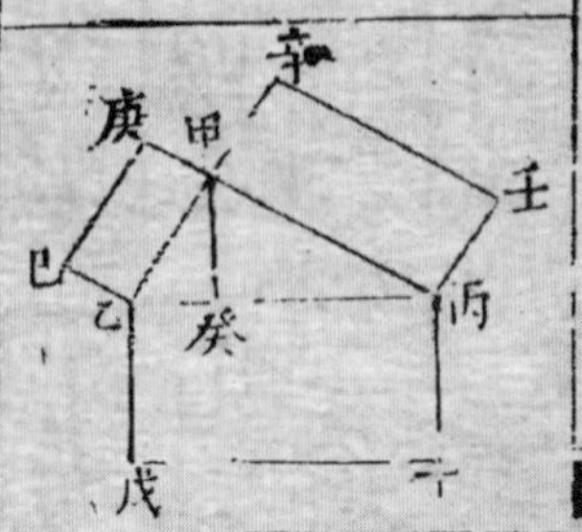

又論曰甲乙丙與癸甲丙兩角形既相似而甲乙丙角形其乙丙與丙甲之比例若癸甲丙角形之丙甲與丙癸（本篇八）即乙丙與丙甲兩邊相似則癸甲丙與甲乙丙兩角形之比例爲丙甲與乙丙再加之比例（本篇十九）而丙辛與乙丁兩形之比例亦爲丙甲與乙丙再加之比例（本篇十九二十）則癸甲丙與甲乙丙兩角形之比例若丙辛與乙丁兩形也（五卷十一）依顯癸乙甲與甲乙丙兩角形之比例若乙庚與乙丁兩形也是一甲癸丙與二甲乙丙之比例若三丙辛與四乙丁也而五癸乙甲與二甲乙丙之

比例若六乙庚與四乙丁也即一甲癸丙五癸乙甲幷與二甲乙丙之比例若三丙辛六乙庚幷與四乙丁也五卷廿四既一甲癸丙五癸乙甲幷與二甲乙丙等則三丙辛六乙庚幷與四乙丁亦等

又論曰一甲丙上直角方形與二乙丙上直角方形之比例若三丙辛形與四乙丁形此兩率之比例皆甲丙與乙丙再加之比例本篇十九二十又五甲乙上直角方形與二乙丙上直角方形之比例若六乙庚形與四乙丁形即一甲丙上五甲乙上兩直角方形幷與二乙丙上直角方形之比例若三丙辛六乙庚兩形幷與四乙丁形五卷廿四既甲丙甲乙上

兩直角方形幷與乙丙上直角方形等卷一

四七則丙辛乙庚兩形幷與乙丁形等

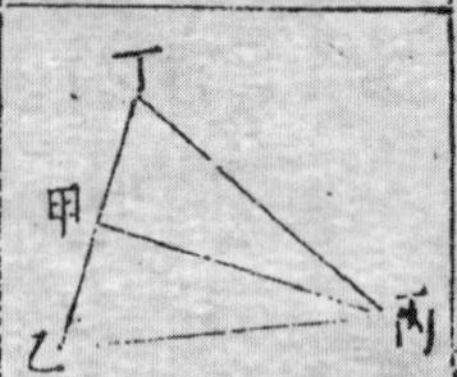

增題角形之一邊上一形與餘兩邊上兩形相似而體勢等者其一形與兩形幷等則餘兩邊內角必直角

解曰甲乙丙角形于乙丙上任作一直線形與甲乙甲丙上兩形相似而體勢等其一形與兩形幷等題言乙甲丙必直角

論曰試作甲丁為甲丙之垂線與甲乙等次作丁丙線其丙甲丁既直角鄉于丁丙上作一形與乙丙上

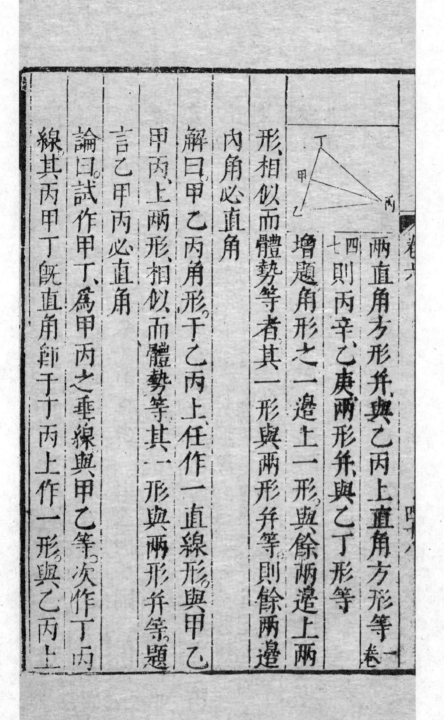

形相似。其丁丙上形。與丁甲、甲丙上、相似而體勢等之兩形、并等矣（本題）又甲丁與甲乙等。其上兩形亦等。即丁丙上形。與甲乙、甲丙上兩形并、亦等。而乙丙上形。元與甲乙、甲丙上兩形并等。則丁丙、乙丙上兩形亦等。而丁丙與乙丙兩線亦等（本篇廿二補論）夫甲丙丁角形之甲丁。與甲乙丙角形之甲乙等。甲丙同邊。其底乙丙、丁丙、又等。即丁甲丙、與乙甲丙、兩角必等。丁甲丙既直角。則乙甲丙亦直角

第三十二題

兩三角形。此形之兩邊。與彼形之兩邊相似。而平置兩形。

成一外角若各相似之各兩邊各平行則其餘各一邊相聯爲一直線

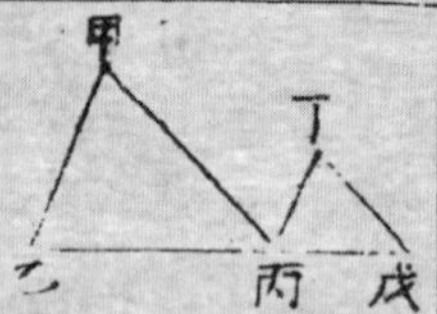

解曰甲乙丙丁丙戊兩角形其甲乙甲丙邊與丁丙丁戊邊相似者謂甲乙與甲丙之比例若丁丙與丁戊也試平置兩形令相切成一甲丙丁外角而甲乙與丁丙甲丙與丁戊各相似之兩邊各平行題言乙丙丙戊爲一直線

論曰甲乙與丁丙既平行即甲角與內相對之甲丙丁等（一卷廿九）依顯丁角亦與內相對之甲丙丁等則甲丁兩角等而甲乙丙與丁丙戊兩角形之甲丁兩角旁各兩

邊比例又等。即兩形爲等角形。而乙角與丁丙戊角必等。（本篇六）次于乙角。加甲角。于丁丙戊角。加等甲之甲丙丁角。即乙甲兩角并。與等甲丙丁。丁丙戊兩角并之甲丙戊角等。次每加一甲丙乙角。即甲乙丙形之內三角并。與甲丙乙。甲丙戊兩角并等。夫甲乙丙形之內三角。等兩直角。（一卷卅二）則甲丙乙。甲丙戊并。亦等兩直角。而爲一直線。（一卷十四）

第三十三題（三支）

等圜之乘圜分角。或在心。或在界。其各相當兩乘圜角之比例。皆若所乘兩圜分之比例。而兩分圜形之比例。亦

若所乘兩圜分之比例

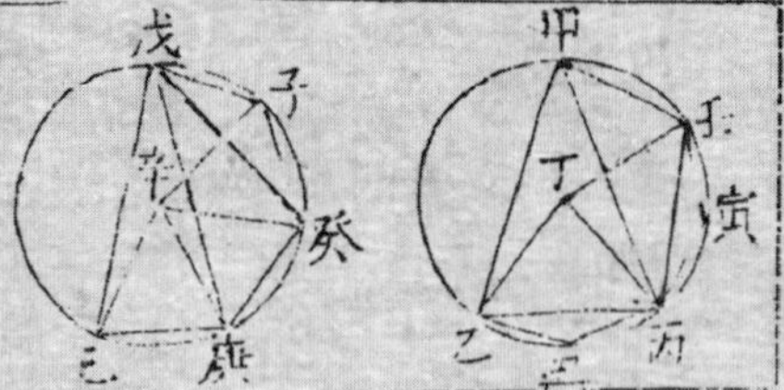

解曰甲乙丙、戊巳庚、兩圜等。其心爲丁、爲辛。兩圜各任割一圜分。爲乙丙、爲巳庚。其乘圜角之在心者。爲乙丁丙、巳辛庚。在界者。爲乙甲丙、巳戊庚。題先言乙丙、與巳庚兩圜分之比例。若乙丁丙、與巳辛庚兩角。次言乙甲丙與巳戊庚兩角之比例。若乙丙、與巳庚兩圜分。後言乙丁、丁丙兩腰、偕乙丙圜分、內乙丁丙分圜形。與巳辛、辛庚兩腰、偕巳庚圜分、內巳辛庚分圜形、之比例。亦若乙丙、與巳庚兩圜分

先論曰。試作乙丙、己庚、兩線。次作丙壬合圜線。與乙丙等。作庚癸、癸子、兩合圜線。各與己庚等（四卷一）其丙壬既與乙丙等。即乙丙與丙壬、兩圜分亦等（三卷十八）而乙丁丙與丙丁壬兩角亦等（三卷廿七）依顯己庚、庚癸、癸子、三圜分。己辛庚、庚辛癸、癸辛子、三角。俱等。則乙丙壬圜分、倍乙丙圜分之數。如在心乙丁壬角。或乙丁壬內地倍乙丁丙角之數。而己庚癸子圜分、倍己庚圜分之數。如在心己辛子角。或己辛子內地。倍己辛庚角之數。何者。乙丁壬、己辛子、兩角。或兩地內之分數。與乙丙壬、己庚癸子、兩圜分內之分數。各等。故也。然則乙丁壬角、與地。若等于巳辛子角。與地。即乙丙壬圜分。必等于巳庚癸子圜分矣。若大亦大。若小亦小矣。是一乙丙所倍之乙丙壬。三乙丁丙所倍之乙丁壬。偕二巳庚所倍之巳庚癸子。四巳辛庚所倍之巳辛子。等大小。皆同類也。則一乙丙與二巳庚之比例。若三乙丁丙與四巳辛庚也

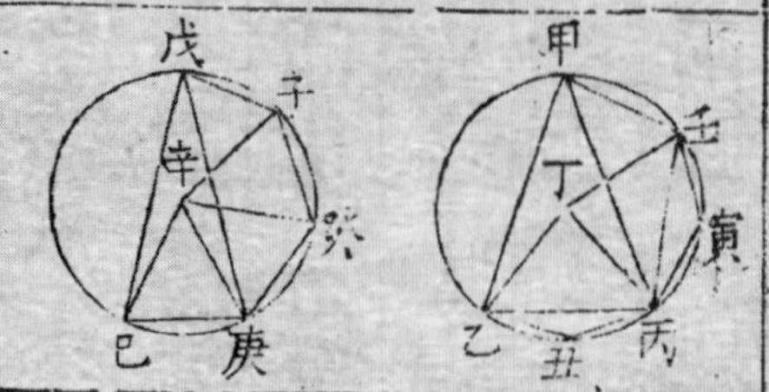

五卷界說六

次論曰。乙丁丙角。倍大于乙甲丙角。而巳辛庚角。亦倍大于巳戊庚角。三卷二十即乙丁丙與巳辛庚兩角之比例若乙甲丙與巳戊庚兩角矣。五卷十五則乙甲丙與巳戊庚

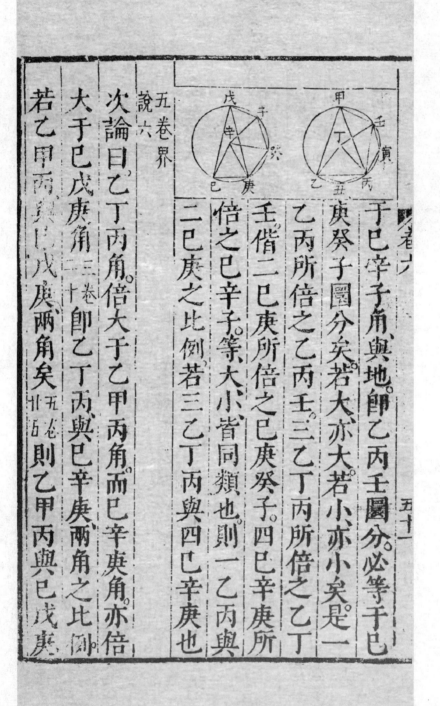

在界乘圜之兩角。亦若乙丙與巳庚兩圜分也（五卷十）若作甲壬、戊癸直線。亦可用先論推顯、（用地當角。說見三卷廿增題）後論曰。試于乙丙圜分內、作乙丑丙角。次于丙壬圜分內、作丙寅壬角。此兩角所乘之乙甲壬丙、與丙乙甲壬、兩圜分既等（三卷廿七）即兩角亦等。而乙丑丙、與丙寅壬、兩圜小分。亦相似。亦相等（乙丙與、丙壬、兩合圜線等故。見三卷廿四）次每加一相等之乙丁丙、丙丁壬、角形。即乙丁丙、丙丁壬、兩分圜形等（一卷四）則乙丁壬分圜形、倍乙丁丙分圜形之數。如乙丙壬圜分、倍乙丙圜分之數、依顯巳辛子分圜形、倍巳辛庚分圜形之數。亦如巳庚癸子圜分、倍巳庚圜分

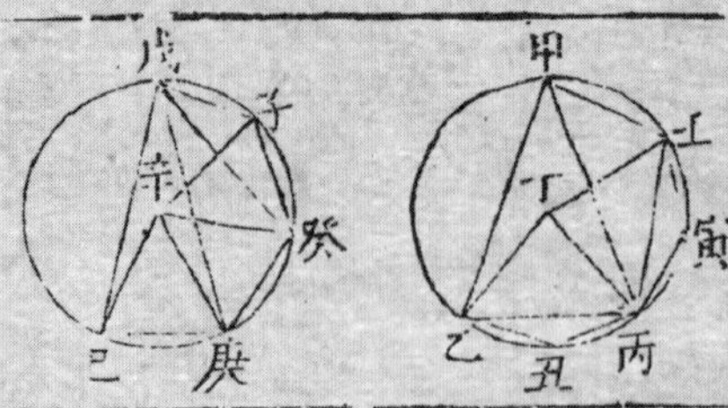

之數。然則乙丙壬圜分。若等于巳庚癸子圜分者。即乙丁壬分圜形。亦等于巳辛子分圜形矣。若大亦大。若小亦小矣五卷界說六是乙丙壬圜分之倍一乙丙圜分。乙丁壬分圜形之倍三乙丁丙分圜形。巳庚癸子圜分之倍二巳庚圜分。巳辛子分圜形之倍四巳辛庚分圜形。等大小皆同類也。則一乙丙圜分與二巳庚圜分之比例。若三乙丁丙分圜形與四巳辛庚分圜形也五卷界說六

一系。在圜心兩角之比例。皆若兩分圜形

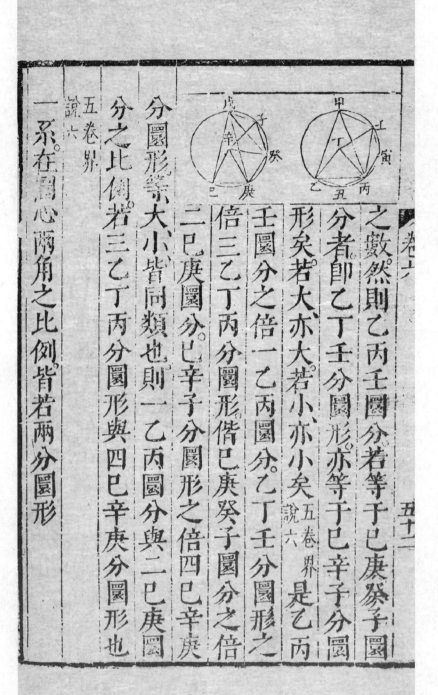

二系。在圜心角與四直角之比例。若圜心角所乘圜分與全圜界。四直角與在圜心角之比例。若全圜界與圜心角所乘之圜分

按丁先生言。歐几里得六卷中。多研察有比例之線竟不及有比例之面。故因其義類。增益數題。用補闕如左云。竊復增一題。竊弁于首。仍以題旨從先生舊題。隨類附演。以廣其用。俱稱今者。以别于先生舊增也。

今增題。圜與圜。爲其徑與徑再加之比例

解曰。甲乙丙丁戊己兩圜。其徑甲丙丁己。題言甲乙

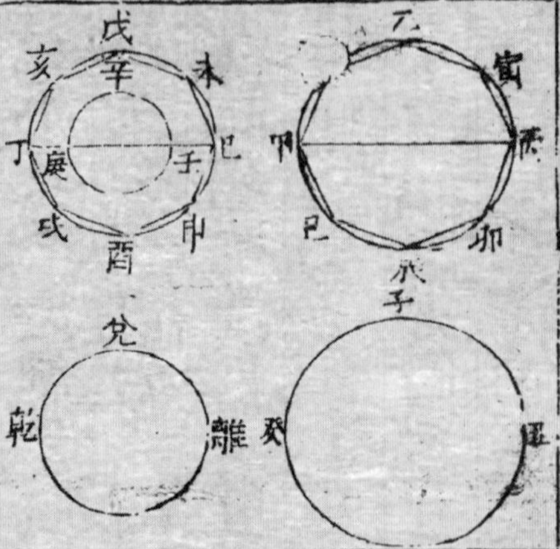

丙與丁戊巳。爲甲丙與丁巳再加之比例

論曰。如云不然。當言甲乙丙圜與小于丁戊巳之庚辛壬圜。或大于丁戊巳之癸子丑圜。爲甲丙與丁巳再加之比例也五卷界說

二十增 若言庚辛壬是者。試置庚辛壬圜于丁戊巳圜內爲同心。次于外圜內。作丁亥戊未己申酉戊多邊切形。其多邊爲偶數。又等。而全不至內圜也四卷十六補題次于甲乙丙圜內。作甲午乙寅丙卯辰巳多邊切形

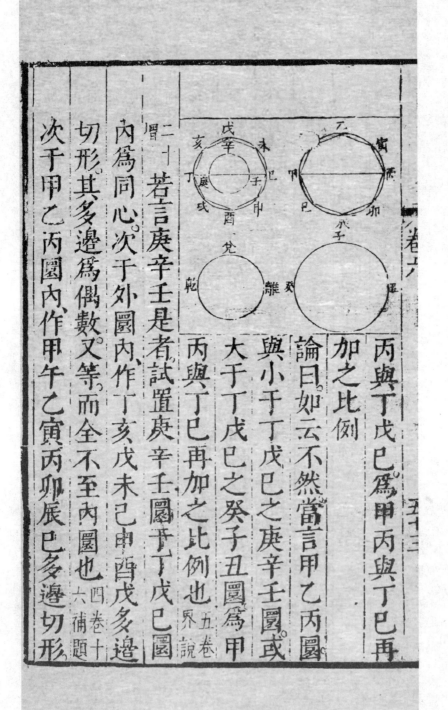

與丁戊巳圜內切形相似（四卷十六補題可推）其兩圜內兩徑上有丁亥戊未巳與甲午乙寅丙相似之兩多邊形則爲兩相似邊再加之比例也（本篇一十）而甲丙與丁巳兩線爲兩形之相似邊據如彼論即甲午乙寅丙與丁亥戊未巳兩形甲乙丙與庚辛壬兩圜同爲甲丙與丁巳兩線再加之比例也甲乙丙半圜大于甲午乙寅丙形將庚辛壬半圜亦大于丁亥戊未巳形則分大于全乎若言癸子丑是者亦如前論甲午乙寅丙與丁亥戊未巳兩形甲乙丙與癸子丑兩圜同爲甲丙與丁巳兩線再加之比例也反之即癸子丑

與甲乙丙兩圜之比例。爲丁巳與甲丙兩徑再加之比例也。試設他圜乾兌離。令癸子丑與甲乙丙之比例。若丁戊巳與乾兌離。五卷界說增則丁戊巳與乾兌離兩圜亦宜爲丁巳與甲丙兩徑

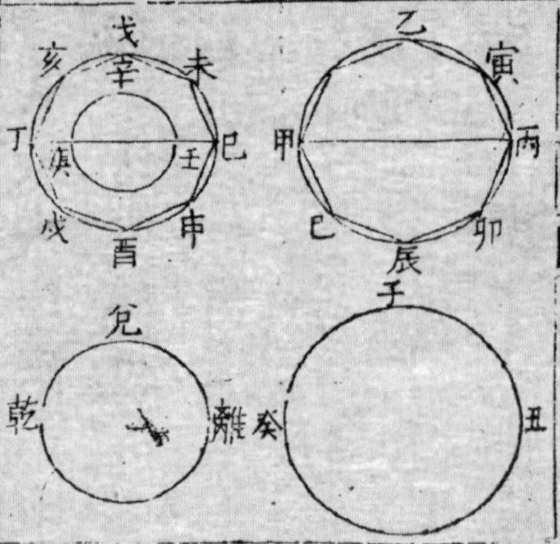

再加之比例也。癸子丑既大于丁戊巳。卽甲乙丙亦大于乾兌離。而丁戊巳與小于甲乙丙之乾兌離。兩圜能爲丁巳與甲丙兩徑再加之比例乎前已駁有兩圜其第一。與他圜之小于第二者。不得爲元圜兩徑再加之比例夫甲乙丙。不得與圜之

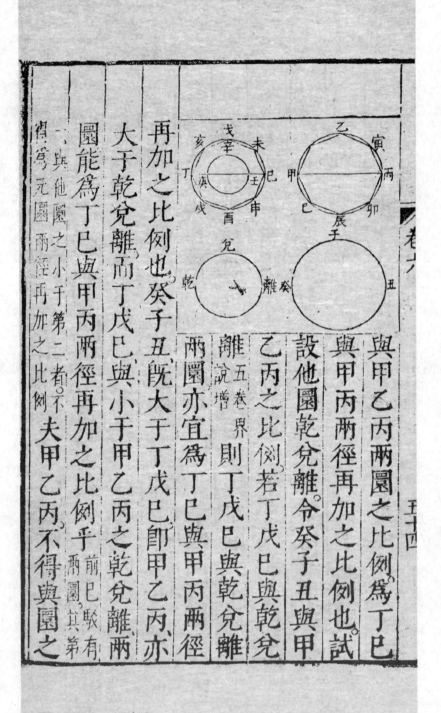

大于丁戊巳者。小于丁戊巳者。為甲丙與丁巳再加之比例。則止有元兩圜為其元兩徑再加之比例。

一系。全圜與全圜。半圜與半圜。相當分與相當分。任相與為比例。皆等。葢諸比例。皆兩徑再加之比例故。

二系。三邊直角形。對直角邊為徑。所作圜。與餘兩邊為徑所作兩圜。并等。半圜與兩半圜并等。圜分與相似兩圜分并等。本篇卅一可推

三系。三線為連比例。以為徑。所作三圜。亦為連比例。推此可求各圜之相與為比例者。又可以圜求各圜之相與為比例者。本篇十九二十之系可推

一增題。直線形、求減所命分。其所減所存。各作形、與所設形相似而體勢等

法曰。如甲直線形。求減三分之一。其所減所存。各作形、與所設乙形相似而體勢等。

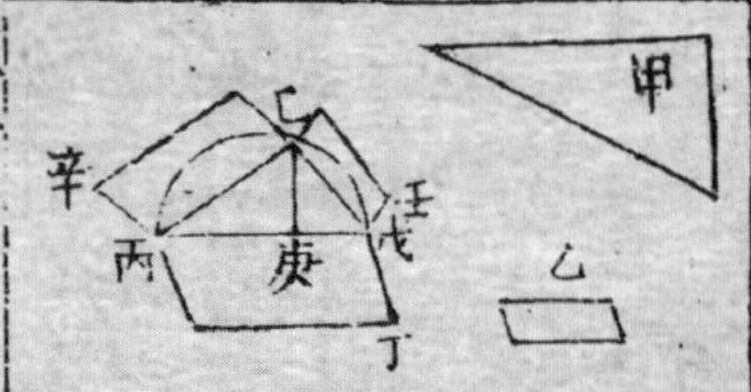

先作丙丁形、與甲等。與乙相似而體勢等本篇廿五次任于其一邊、如丙戊上作丙巳戊半圜。次分丙戊為三平分、而取其一庚戊。次從庚作巳庚為丙戊之垂線。本篇九次作巳丙、巳戊兩線。末于巳丙、巳戊上作巳辛、巳壬、兩形。各與丙丁相似而體勢等本篇十八即所求

論曰。丙巳戊角形。既負半圜。爲直角。三卷卅一即丙丁直線形。與巳辛、巳壬、相似之兩形并等本篇卅一而于等甲之丙丁形。減巳壬、存巳辛。兩形各與丙丁相似而體勢等。則與乙相似而體勢等。今欲顯巳壬爲丙丁三分之一者。試觀丙庚巳、丙巳戊、兩角形既相似本篇八即丙庚與庚巳之比例。若丙巳與巳戊也本篇四夫丙庚、庚巳、庚戊、三線爲連比例。即丙庚與庚戊。爲丙庚與庚巳再加之比例本篇八之系而巳辛與巳壬兩形。亦爲丙巳與巳戊兩相似邊再加之比例本篇十九二十即丙庚與庚戊兩線之比例。若巳辛與巳戊兩形也兩比例爲兩同理比例之再加故合之則丙戊與庚戊之比例若等巳辛巳壬兩形并之丙丁與巳壬矣丙戊三倍于庚戊則丙丁亦三倍于巳壬而巳壬爲等甲之丙丁三分之

若直線形求減之不論所減所存何形其法更易如

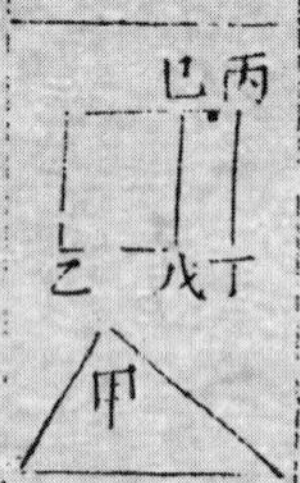

甲形求減三分之一先作乙丙平行線形與甲等一卷四一次分乙丁爲三平分而取其一戊丁末從戊作巳戊線與丙丁平行即戊丙形爲等甲之乙丙形三分之一本篇一

今附若干大圜求減所設小圜則以圜徑當形邊餘

法同前如上圖

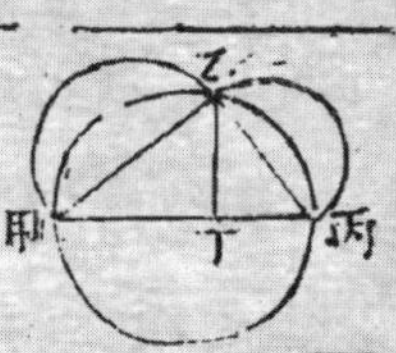

又今附依此法可方一初月形方初月形者謂作直角方形與初月形等如甲乙丙丁圜其界上有附圜四分之一之乙壬丙戊初月形而求作一直角方形與初月形等先從乙丙作甲乙丙丁切圜直角方形三卷六次用方形法四平分之即其一爲所求方形與初月形等何者甲乙丙

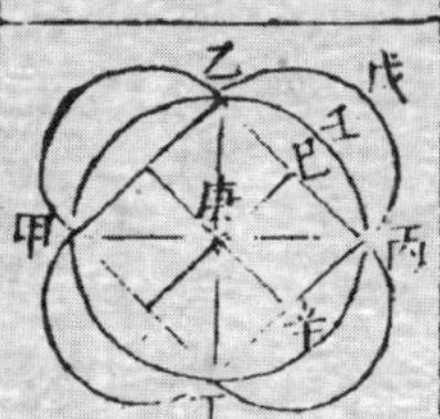

半圜與甲乙乙丙上兩半圜并等本增題之今附甲乙乙丙兩線自相等即其上兩半圜亦自相等而庚乙壬丙分圜形爲大半圜之半即與乙巳丙戊小半圜等此

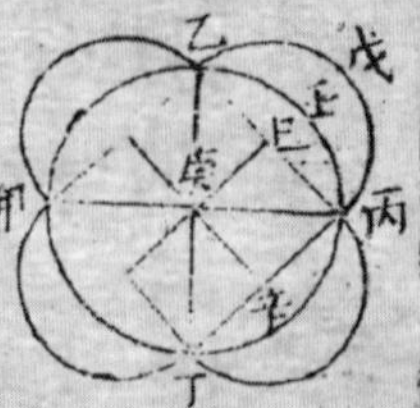

兩率者各減一同用之乙巳丙壬圜小分。其所存乙壬丙戊初月形與庚乙丙角形等。而庚巳丙辛直角方形與庚乙丙角形亦等。則與乙壬丙戊初月形亦等。依顯甲乙丙丁直角方形。與大圜界上四初月形并等

二增題兩直線形求別作一直線形爲連比例

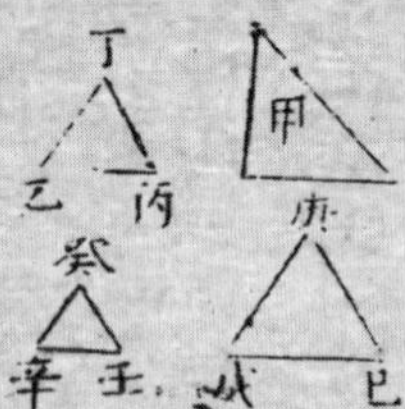

法曰。甲與乙丙丁兩直線形。求別作一直線形爲連比例。先作一戊巳庚直線形與甲等。與乙丙丁相似而體勢等 本篇廿五 次以兩形相似之各一邊如戊巳乙丙爲前中率線。而求

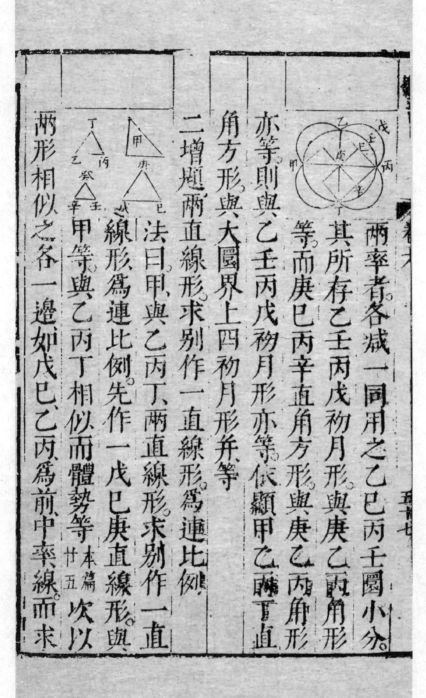

其連比例之末率線爲辛壬（本篇十一）末于辛壬上作辛

壬癸形與兩形相似而體勢等（本篇十八）即所求

論曰戊巳乙丙辛壬三線既爲連比例即其上三形

相似而體勢等者亦爲連比例（本篇廿二）

今附有兩圜求別作一圜爲連比例則以圜徑當形

邊依上法作之

三增題三直線形求別作一直線形爲斷比例

法曰一甲二乙丙丁戊三巳庚辛三直線形求別作

一直線形爲斷比例先作壬癸子丑形與甲等與乙

丁相似而體勢等（本篇廿五）次以三形之任各一邊如壬

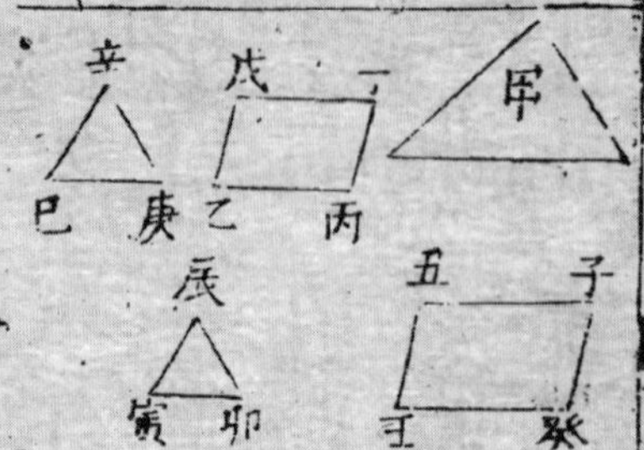

癸、乙丙、巳庚爲三率，求其斷比例之末率線爲寅卯（本篇十二）末于寅卯上作寅卯辰形，與巳庚辛相似而體勢等（本篇十八），卽所求

論曰：四線既爲斷比例，卽其線上形相似而體勢等者，亦爲斷比例（本篇廿二）

今附有三圜，求別作一圜爲斷比例，亦以圜徑當形邊，依上法作之

四增題：兩直線形，求別作一形，爲連比例之中率

法曰：甲與乙丙丁兩直線形，求別作一形，爲連比例

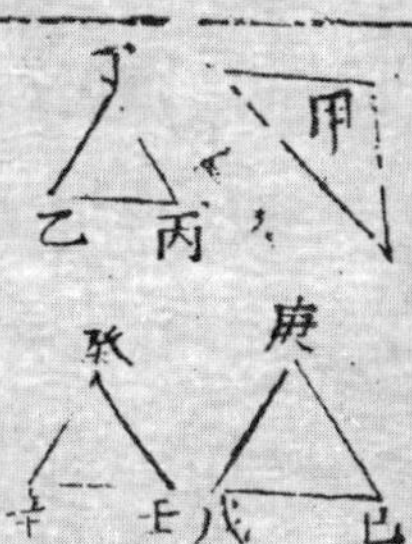

之中率。先作戊巳庚直線形。與甲等。與乙丙丁相似而體勢等本篇廿五次求戊巳、乙丙、兩直線連比例之中率。爲辛壬本篇十三末于辛壬上。作辛壬癸形。與戊巳乙丙上形相似而體勢等本篇十八即所求

論曰。戊巳、辛壬、乙丙、三線。既爲連比例。即各線上戊巳庚、辛壬癸、乙丙丁、三形。亦爲連比例本篇廿二

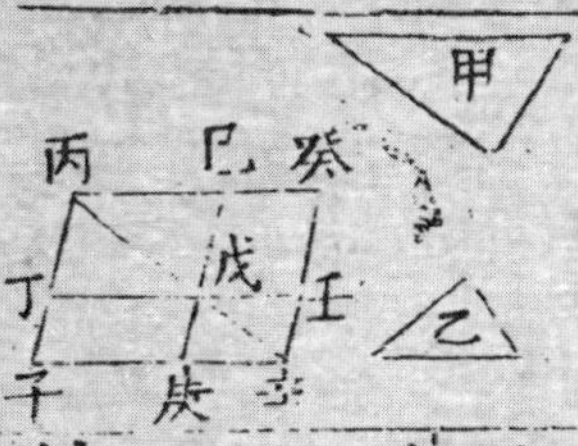

又法曰。甲、乙、兩直線形。求別作一形。爲連比例之中率。先作丁丙巳戊平行線形。任

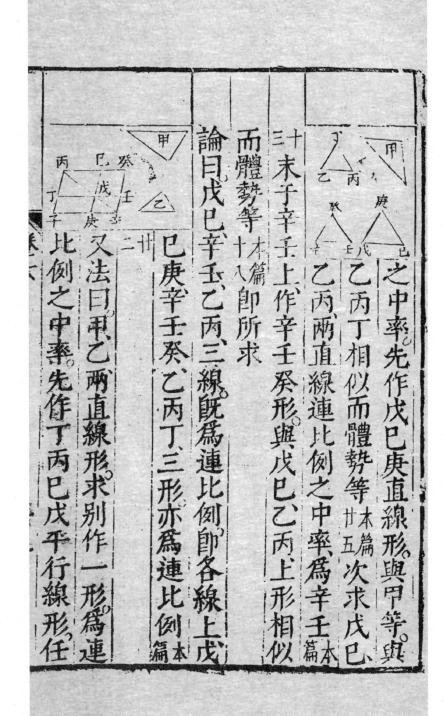

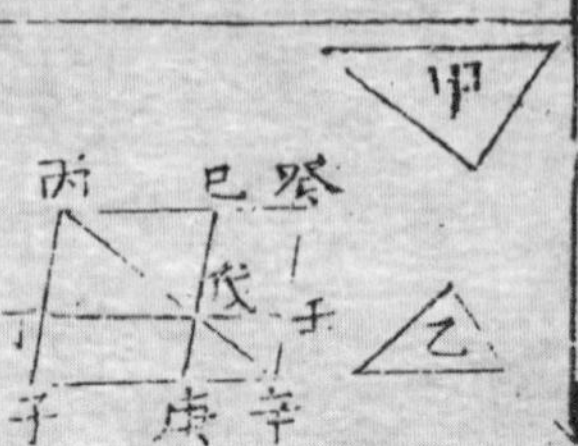

直斜角與甲等（一卷四五）次作庚戊壬辛平行
線形與乙等與丁巳形相似而體勢等（本篇
廿五）次置兩平行線形以戊角相聯而丁戊
戊壬爲一直線即庚戊戊巳亦一直線（一卷
十五增）末從兩形引長各邊成丙子辛癸平行線形即
兩餘方形俱爲丁巳庚壬兩形之中率

論曰丁巳庚壬兩形既相似而體勢等即丁戊與巳
戊之比例若戊壬與戊庚也更之即丁戊與戊壬若
巳戊與戊庚也夫丁戊與戊壬兩線之比例亦若丁
巳與戊癸兩形巳戊與戊庚兩線之比例又若戊癸

與庚壬兩形。則戊癸爲丁巳、庚壬之中率矣

又論曰。丁巳、庚壬兩形。旣相似而體勢等。卽同依丙辛對角線本篇廿六而子戊、戊癸、兩餘方形自相等。則丁巳與戊癸兩形之比例。若子戊與庚壬兩形。何者。此兩比例。皆若丁戊與戊壬也。則子戊、戊癸。皆丁巳、庚壬之中率也

今附若兩圜。求作一圜。爲連比例之中率。亦以圜徑當形邊。依上前法作之

五增題。一直線形。求分作兩直線形。俱與所設形相似而體勢等。其比例若所設兩幾何之比例

法曰。甲直線形。求分作兩直線形。俱與所設丁形相似而體勢等。其比例若所設兩幾何。如乙線與丙線之比例。先作戊己庚辛直線形。與甲等。與丁相似而體勢等。本篇廿五 次任用其一邊。如戊辛。兩分之于壬。令戊壬與壬辛之比例。若乙與丙也。分法以乙丙兩線聯為一直線。次截戊壬與壬辛。若乙與丙。見本篇十 次于戊辛上。作戊癸辛半圜。次從壬作癸壬。為戊辛之垂線。次作戊癸、癸辛線相聯。末于戊癸、癸辛上。作戊丑子癸、癸卯寅辛兩形。與戊庚形俱相似而體勢等。本篇十八 即此兩形并。與甲等。又各

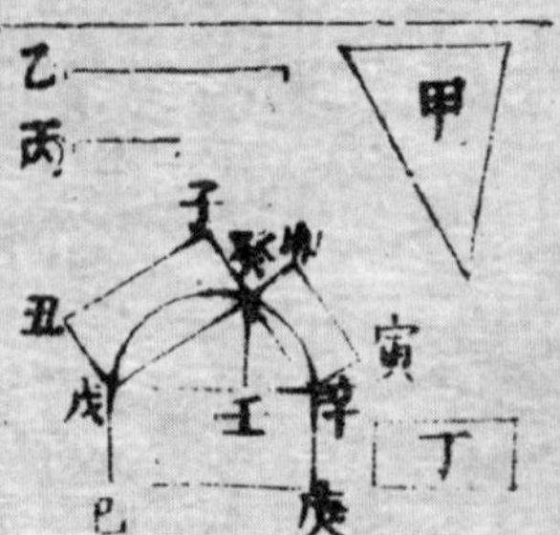

與丁相似。而體勢等。其比例。又若乙與丙

論曰。戊癸辛。既負半圜。爲直角。（三卷卅一）卽戊子癸寅兩形。幷與等戊庚之甲等。（本篇卅一）又戊壬與壬癸之比例。若戊癸與癸辛。（俱在直角兩旁故。見本篇四）戊壬。壬癸。壬辛。三線爲連比例。卽戊壬與壬辛。爲戊壬與壬癸再加之比例。（本篇八之系）而戊子與癸寅兩形。亦爲戊癸與癸辛兩相似。邊再加之比例。（本篇二十）則戊壬與壬辛之比例。亦若戊子與癸寅也。（兩比例爲兩同理比例之再加故）夫戊壬與壬辛。元若乙與丙也。則戊子與癸寅。亦若乙與丙也

今附。若一圜。求分作兩圜。其比例。若所設兩幾何。亦

以圜徑當形邊。依上法作之

六增題。一直線形。求分作兩直線形。俱與所設形相似而體勢等。其兩分形。兩相似邊之比例。若所設兩幾何之比例

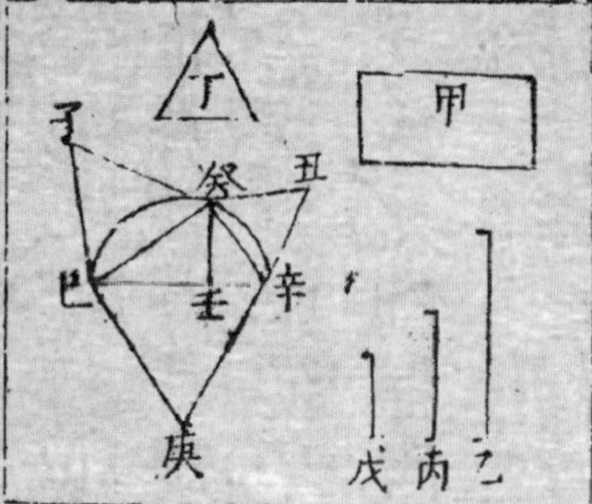

法曰。甲直線形。求分作兩直線形。俱與所設丁形相似而體勢等。其兩分形。兩相似邊之比例。若所設兩幾何。如乙線與丙線之比例。先以乙與丙兩線。求其連比例之末率。爲戊（本篇十一）

次作巳庚辛直線形。與甲等。與丁相似而體勢等。[illegible]

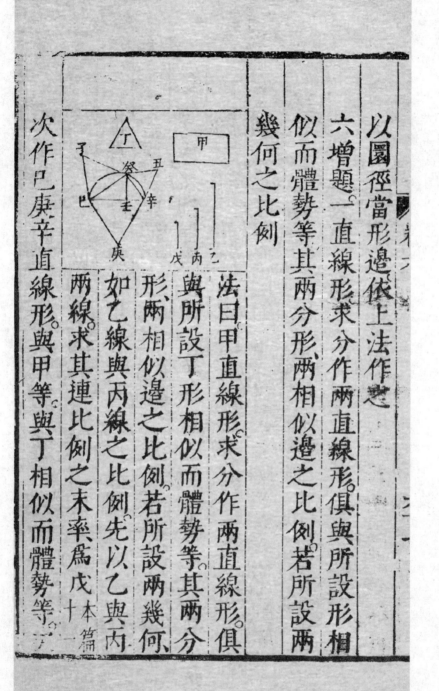

任用其一邊、如巳辛。兩分之于壬。令巳壬與壬辛之比例。若乙與戊也。本篇十 次于巳辛線上、作巳癸辛半圜。次從壬作癸壬。爲巳辛之垂線。次作巳癸、癸辛、兩線相聯。末于巳癸、癸辛、上作巳子癸、癸丑辛、兩形。俱與丁相似而體勢等。即此兩形幷。與等甲之巳庚辛等。而巳癸、癸辛、兩相似邊之比例。若乙與丙

論曰。巳癸辛。既負半圜爲直角。三卷卅 即巳子癸、癸丑辛、兩形幷。與等巳庚辛之甲等。本篇卅一 又巳壬與壬癸之比例。若巳癸與癸辛。俱在直角兩旁故見本篇四 巳壬、壬癸、壬辛、三線爲連比例。即巳壬與壬辛。爲巳壬與壬癸再

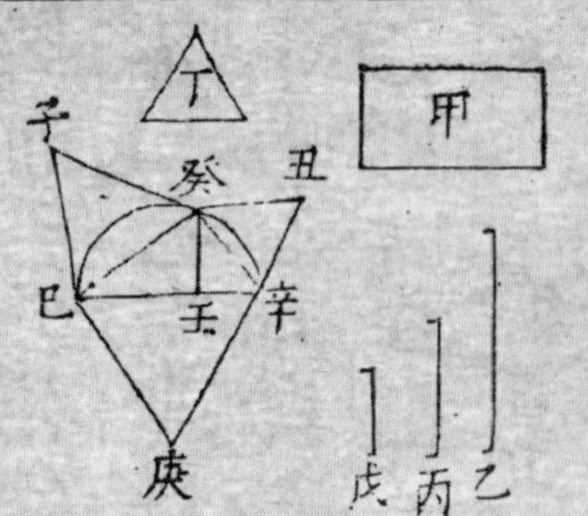

加之比例（本篇八之系）夫巳壬與壬癸之比例既若巳子癸癸丑辛兩形相似邊之巳癸與癸辛而乙與戊元若巳壬與壬辛乙與戊元為乙與丙再加之比例則巳癸癸辛之比例若乙與丙

今附若一圜求分作兩圜其兩圜徑之比例若所設兩幾何倣此

七增題兩直線形求并作一直線形與所設形相似而體勢等

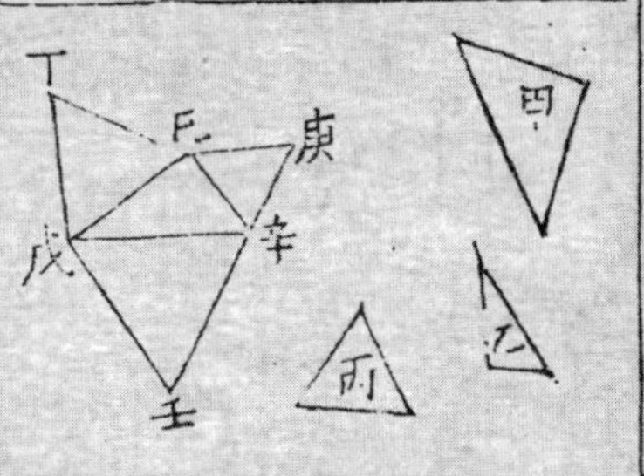

法曰。甲、乙、兩直線形。求幷作一形。與所設丙形相似而體勢等。先作戊丁巳形。與甲等。作巳庚辛形。與乙等。又各與丙相似而體勢等（本篇廿五）次置兩形。令相似之戊巳、巳辛、兩邊聯爲直角。次作戊辛線相聯。末依戊辛線作戊辛壬。與丙相似而體勢等即與上兩形幷等（本篇卅一）如所求

又法曰。作一平行方形。與甲、乙、兩形幷等（一卷四五）次作戊辛壬角形。與平行方形等。又與丙相似而體勢等。即所求

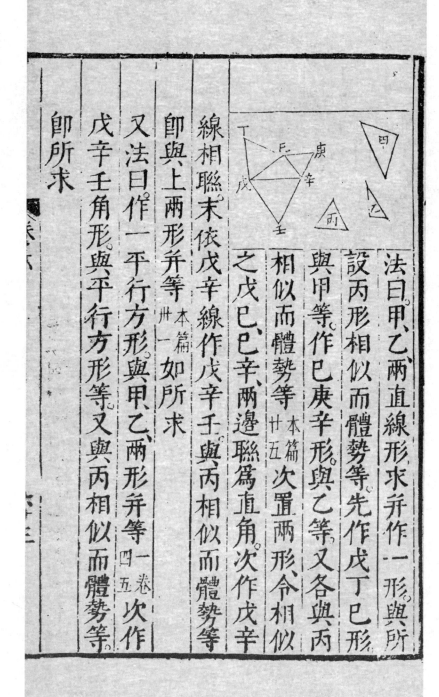

今附若兩圜求并作一圜亦以圜徑當形邊依上法作之

八增題圜內兩合線交而相分其所分之線彼此互相視

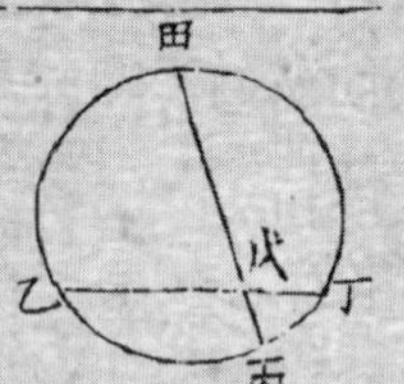

解曰甲乙丙丁圜內有甲丙乙丁兩合線交而相分于戊題言所分之甲戊戊丙乙戊戊丁爲互相視之線者謂甲戊與戊丁若乙戊與戊丙也又甲戊與乙戊若戊丁與戊丙也

論曰甲戊偕戊丙與乙戊偕戊丁兩矩內直角形等（三卷卅五）即等角旁之兩邊爲互相視之邊（本篇十四）

九增題。圜外任取一點。從點出兩直線。皆割圜至規內。其兩全線。與兩規外線。彼此互相視。若從點作一切圜線。則切圜線。為各割圜全線。與其規外線之各中率

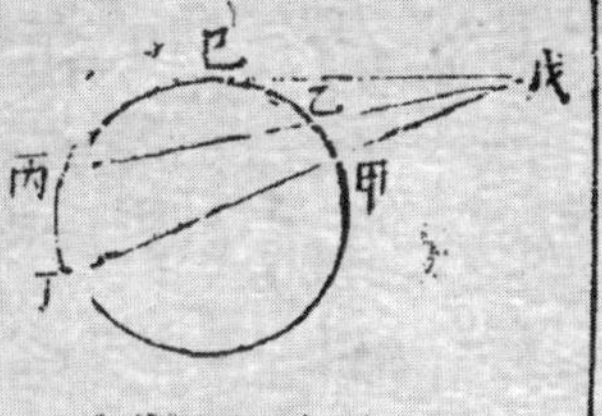

解曰。甲乙丙丁圜外。任取戊點。從戊作戊丁。戊丙兩割圜至規內之線。遇圜界于甲。于乙。題言戊丙。戊乙。戊丁。戊甲。互相視者謂戊丙與戊丁。若戊甲與戊乙也。又戊丙與戊甲。若戊丁與戊乙也

論曰。試從戊作戊巳線。切圜于巳。即戊丙偕戊乙矩

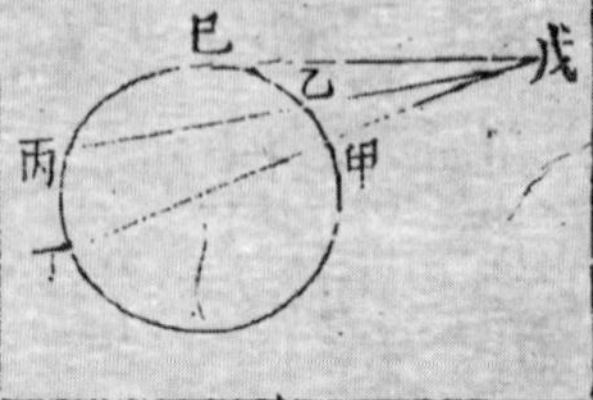

內直角形與戊巳上直角方形等三卷卅六又戊丁偕戊甲矩內直角形與戊巳上直角方形亦等。即戊丙偕戊乙與戊丁偕戊甲兩矩內直角形自相等。而等角旁之兩邊。為互相視之邊本篇十四又戊丙偕戊乙戊丁偕戊甲。兩矩內直角形各與戊巳上直角方形等三卷卅六即戊丙戊巳戊乙三線為連比例。戊丁戊巳戊甲三線亦為連比例而戊巳為各全線與其規外線之各中率本篇

十七

十增題。兩直線相遇作角。從兩線之各一界互下垂

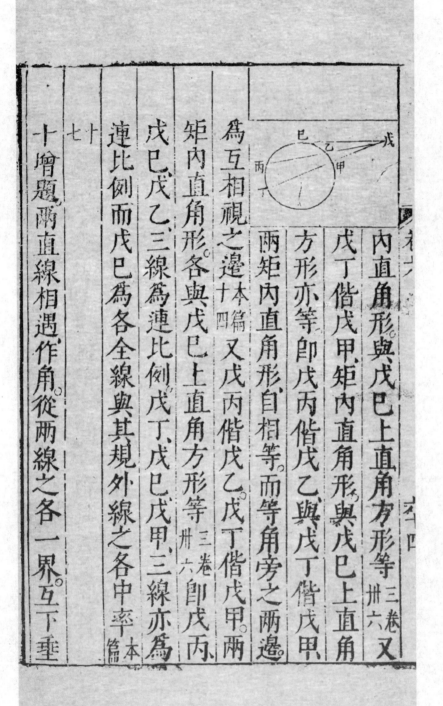

線。而每方爲兩線。一自界至相遇處。一自界至垂線。
則各相對之兩線。皆彼此互相視

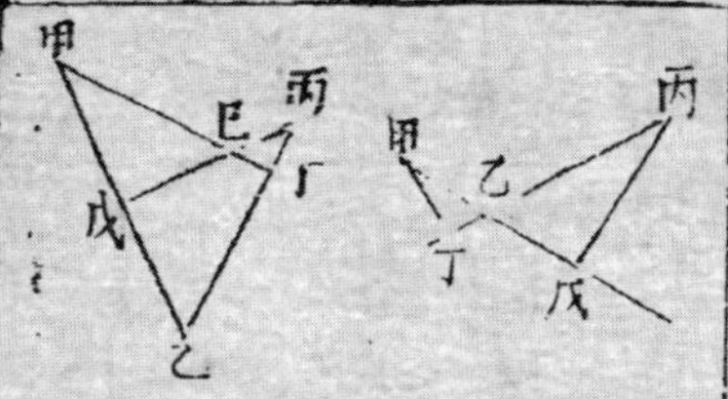

解曰。甲乙、丙乙、兩線。相遇于乙。作甲乙丙角。從甲作丙乙之垂線。從丙作甲乙之垂線。若甲乙丙爲鈍角。即如前圖兩垂線當至甲乙、丙乙之各引出線上。爲甲丁、爲丙戊。其甲戊、丙丁。交而相分于乙也。若甲乙丙爲銳角。即如後圖。甲丁、丙戊、兩垂線。當在甲乙丙乙之內。交而相分于巳也。題言兩圖之甲乙、乙戊、丙乙、乙丁、皆彼此互相視者。謂甲乙與乙丙。若丁乙與

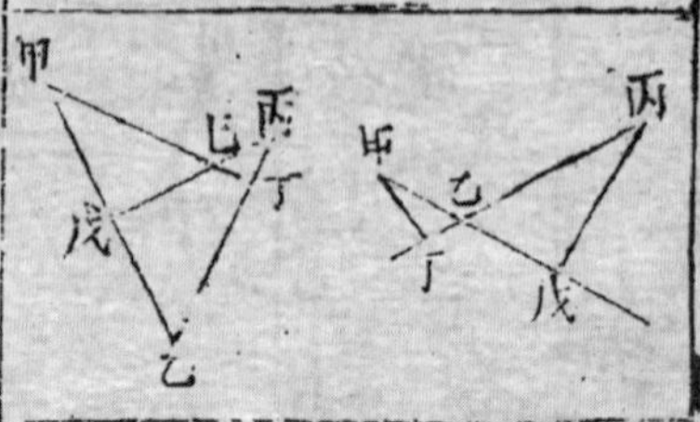

乙戊也又甲乙與丁乙若乙丙與乙戊也

論曰甲乙丁角形之甲乙丁甲丁乙兩角與丙乙戊角形之丙乙戊丙戊乙兩角各等（兩爲直角兩于前圖爲交角于後圖爲同角故）卽兩形爲等角形而甲乙與丁乙若乙丙與乙戊也（本篇四）更之則甲乙與乙丙若丁乙與乙戊也

又論曰依前圖可推後圖之甲丁丙戊交而相分于巳其甲巳巳丁丙巳巳戊亦彼此互相視葢甲巳戊丙巳丁既爲等角形卽甲巳與巳戊若丙巳與巳丁也（本篇四）更之則甲巳與丙巳若巳戊與巳丁也

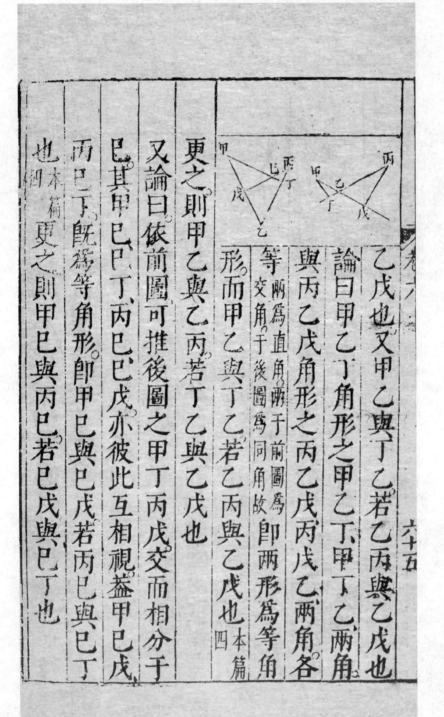

十一增題平行線形內兩直線與兩邊平行相交而分元形爲四平行線形此四形任相與爲比例皆等

解曰甲乙丙丁平行線形內作戊巳庚辛兩線與甲丁丁丙各平行而交于壬題言所分之戊庚庚巳乙壬壬丙四形任相與爲比例皆等

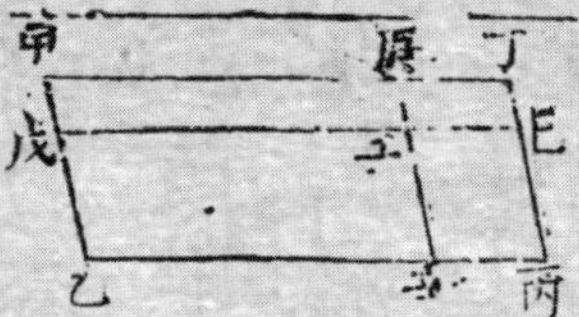

論曰戊壬與壬巳兩線之比例既若戊庚與庚巳兩形本篇一又若乙壬與壬丙兩形即戊庚與庚巳亦若乙壬與壬丙也五卷十二依顯乙壬與戊庚亦若壬丙與庚巳也

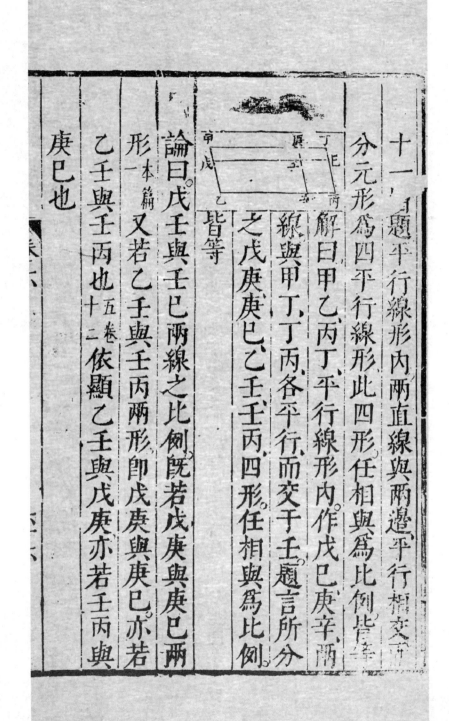

十二增題凡四邊形之對角兩線交而相分其所分

四三角形任相與爲比例皆等

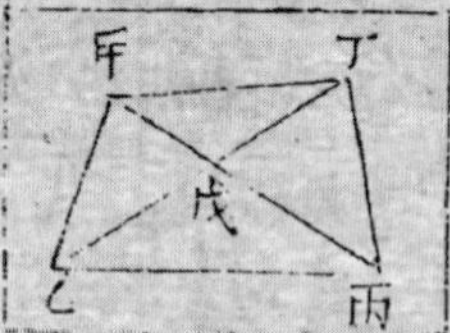

解曰甲乙丙丁四邊形之甲丙乙丁兩對角線交相分于戊題言所分甲戊丁乙戊丙甲戊乙丁戊丙四三角形任相與爲比例皆等

論曰甲戊與戊丙兩線之比例若甲戊丁與丁戊丙兩角形又若甲戊乙與乙戊丙兩角形（本篇一）即甲戊丁與丁戊丙兩角形亦若甲戊乙與乙戊丙也依顯甲戊乙與甲戊丁亦若乙戊丙與丁戊丙也

十三增題三角形任于一邊任取一點從點求作一

線分本形爲兩形其兩形之比例若所設兩幾何之比例

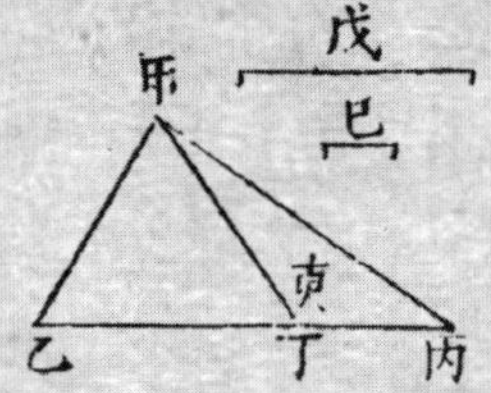

先法曰甲乙丙角形任于一邊如乙丙上任取一點爲丁求從丁作一線分本形爲兩形其兩形之比例若所設兩幾何如戊線與己線之比例先以乙丙線兩分之于庚令乙庚與庚丙之比例若戊與己（本篇十）其庚與丁若同點即作丁甲線則乙丁與丁丙兩線之比例若乙丁甲與丁丙甲兩角形也（本篇一）是丁甲線所分兩形之比例若戊與己

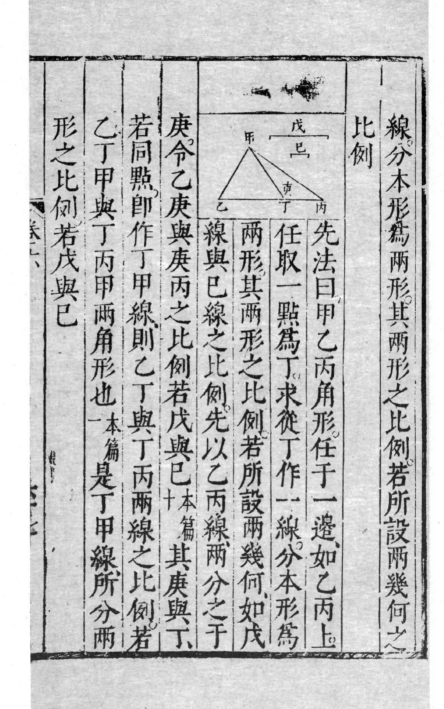

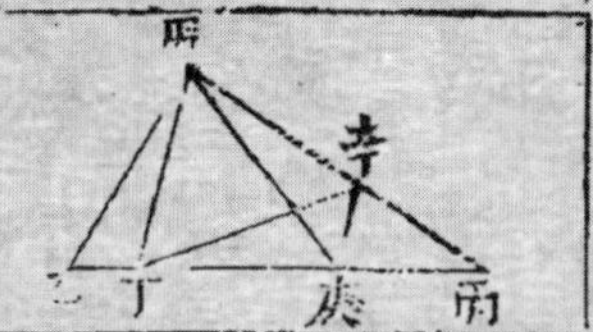

次法曰若庚在丁丙之內亦作丁甲線次從庚作庚辛線與丁甲平行次作丁辛線相聯即丁辛線分本形爲兩形其比例若戊與巳者謂乙丁辛甲無法四邊形與丁丙辛角之比例若乙庚與庚丙也亦若戊與巳也

論曰試作庚甲線即辛庚甲庚辛丁兩角形等（一卷卅七）次每加一丙庚辛角形即丙庚甲丙辛丁兩角形亦等則甲乙丙全形與丙庚甲角形之比例若甲乙丙與丙辛丁也（五卷七）分之則乙庚甲角形與丙庚甲角形之比例若乙丁辛甲無法四邊形與丙辛丁角形

也五卷十七乙庚甲、與丙庚甲兩角形之比例、旣若乙庚、

與庚丙一本篇則乙丁辛甲無法四邊形、與丙辛丁角

形之比例、亦若乙庚與庚丙也、則亦若戊與己也

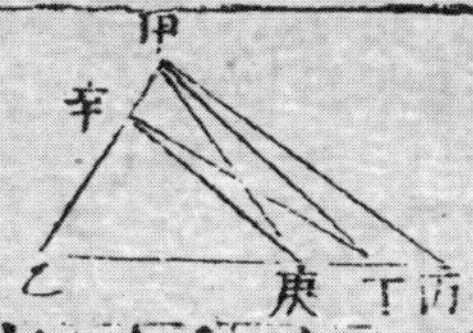

後法曰、若庚在乙丁之內、亦作丁甲線、次從

庚作庚辛線、與丁甲平行、次作丁辛線相聯

卽丁辛線分本形爲兩形、其比例若戊與己

者、謂乙丁辛角形、與丁丙甲辛無法四邊之

比例、若乙庚與庚丙也、亦若戊與己也

論曰、試作庚甲線、如前推顯辛庚甲、庚辛丁、兩角形

等一卷卅七次每加一乙庚辛角形、卽乙庚甲、與乙辛丁

兩角形亦等則甲乙丙全形與乙庚甲角形之比例若甲乙丙與乙辛丁也（五卷七）分之則丙庚甲角形與乙庚甲角形之比例若丁丙

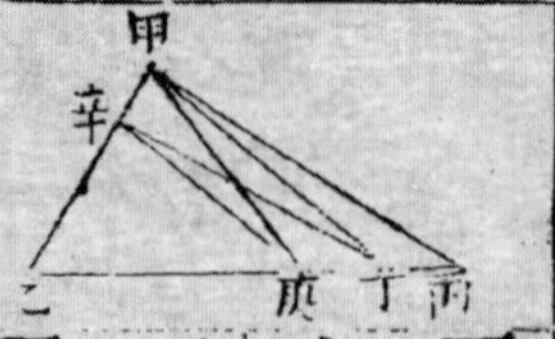

甲辛無法四邊形與乙辛丁角形也（五卷十七）反之則乙庚甲角形與丙庚甲角形之比例若乙辛丁角形與丁丙甲辛無法四邊形也乙庚甲與丙庚甲之比例既若乙庚與庚丙（本篇一）則乙丁辛角形與丁丙甲辛無法四邊形之比例亦若乙庚與庚丙也則亦若戊與己也

系凡角形任于一邊任取一點從點求減命分之一

如前法。作多倍大之比例。即得其所作倍數。每少于命分之一。如求減四分之一。即作三倍大之比例。減五分之一。即作四倍大之比例也。則全形與所減分之比例。其倍數。若命分之數也

十四增題。一直線形。求別作一直線形。相似而體勢等。其小大之比例。如所設兩幾何之比例

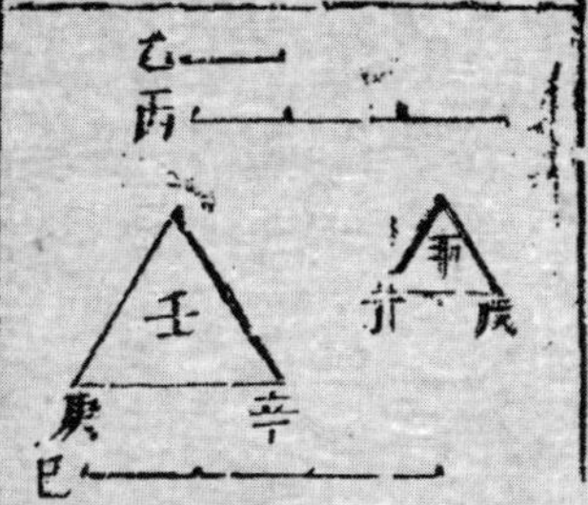

法曰。甲直線形。求別作直線形。相似而體勢等其甲形。與所作形。小大之比例。若所設兩幾何。如乙與丙兩線之比例。先以乙丙。及任用甲之一邊。如丁戊三

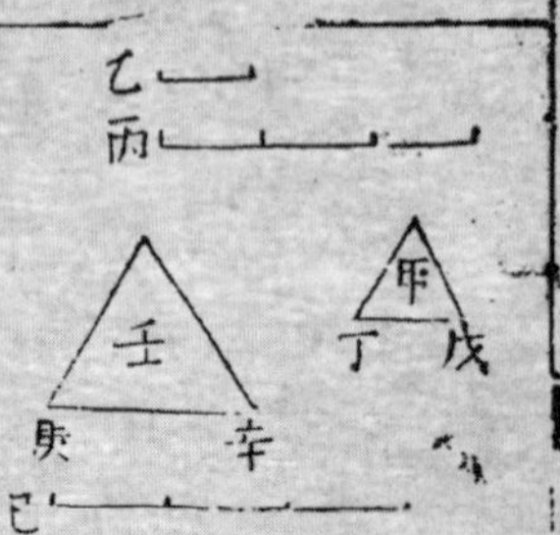

線求其斷比例之末率爲巳（本篇十二）次求丁戊及巳之中率線爲庚辛（本篇十三）末從庚辛上作壬直線形與甲相似而體勢等即甲與壬之比例若乙與丙

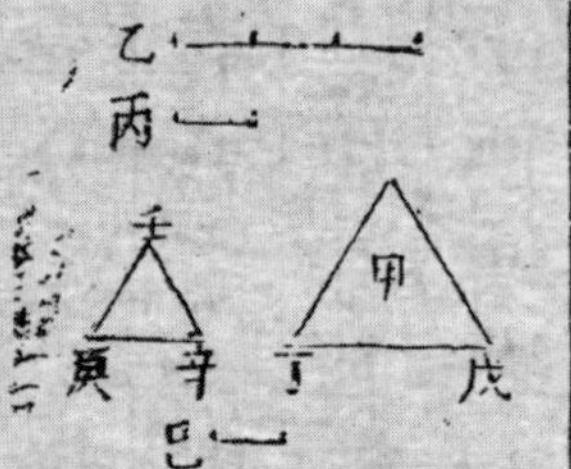

論曰丁戊庚辛巳三線爲連比例即一丁戊與三巳之比例若相似而體勢等之甲與壬（本篇十九二十之系）若先設大甲求作小壬若乙與丙其法同如上圖

用此法可依此直線形加作兩倍大三倍四五倍大

以至無窮之他形。亦可依此直線形。減作二分之一、三分、四、五分之一、以至無窮之他形。其此形與他形、皆相似而體勢等

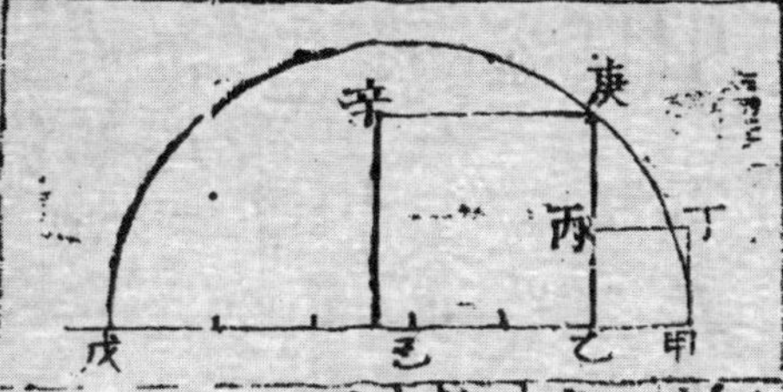

有用法。作直角方形、平行線形、及各形之相加、相減者。如甲乙丙丁直角方形。求別作五倍大之他形。先以甲乙線引長之。以甲乙爲度。截取五分、至戊。令乙至戊。五倍大于甲乙也。次以甲戊兩平分于己。次以己爲心。甲戊爲界。作甲庚戊半圓。其乙丙線直行遇圜界于庚。即乙庚爲所求方形之一邊也。

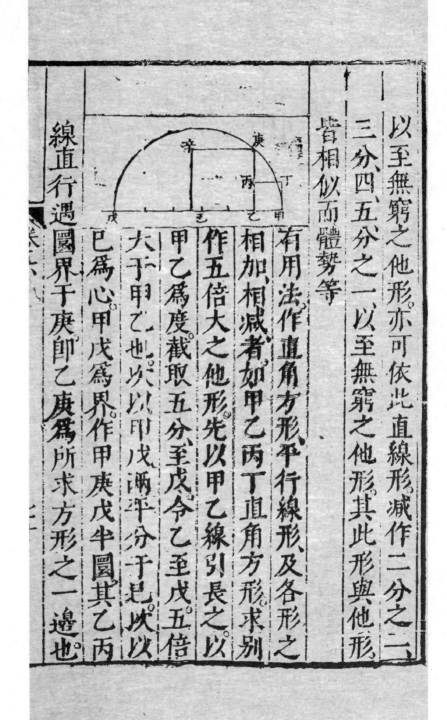

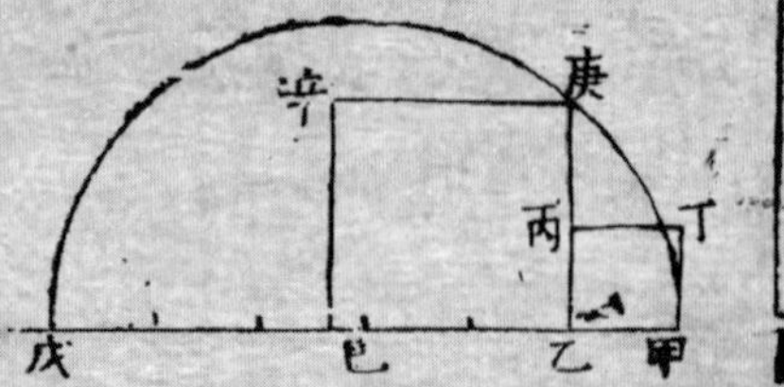

未作乙庚辛巳直角方形。卽五倍大于甲丙。向者。乙庚既爲戊乙、乙甲、之中率線（本篇十三之系）卽一戊乙與三乙甲之比例若二庚乙上直角方形與三甲乙上直角方形之比例也（本篇二十之系）戊乙既五倍于乙甲。則乙辛亦五倍于甲丙。若戊乙爲乙甲之六倍。則乙辛亦甲丙之六倍。若戊乙爲乙甲三分之一。則乙辛亦甲丙三分之一。相加、相減倣此以至無窮。如甲乙丙丁平行直角形。求別作二倍大之他形。相似而體勢等。先以甲乙線引長之。以甲乙爲度。截取二

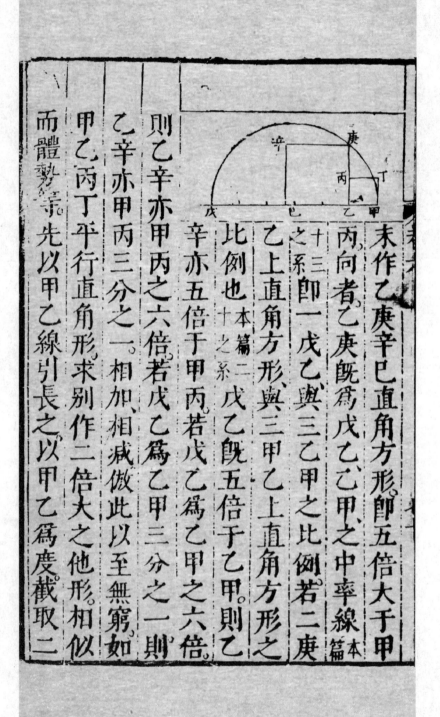

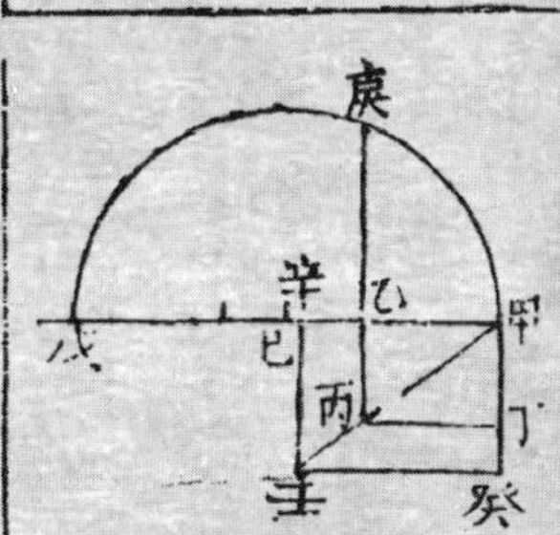

分至戊。令乙至戊二倍大于甲乙也。次以甲戊兩平分于巳。次以巳爲心。甲戊爲界。作甲庚戊半圜。其丙乙線直行遇圜界于庚。即乙庚爲所求直角形之一邊也。次于甲戊線上截取甲辛與乙庚等。從辛作辛壬線。與乙丙平行。次作甲丙對角線。引長之。與辛壬線遇于壬。末作丁癸、癸壬、戊成甲辛壬癸平行直角形。即二倍大于甲丙。又相似而體勢等。何者。戊乙、乙庚、乙甲、三線既爲連比例。本篇十三之系如前論。一戊乙與三乙甲之比例。若二等乙庚之甲辛上平行直角形甲

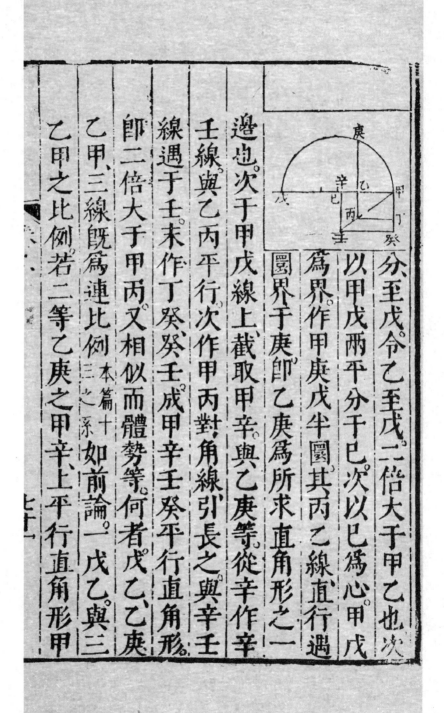

壬與三甲乙上平行直角形甲丙也本篇二十之系戊乙既二倍于甲乙則甲壬亦二倍于甲丙

用此法凡甲乙上不論何等形與乙庚上形相似而體勢等者其乙庚上形皆二倍大于甲乙上形相加相減俱倣此以至無窮

今附若用前法作圖則乙庚經上圖亦二倍大于甲乙徑上圖相加相減倣此以至無窮

以上用法與本增題同但此用法隨作隨得中率線不費尋求致爲簡易耳

十五增題諸三角形求作内切直角方形

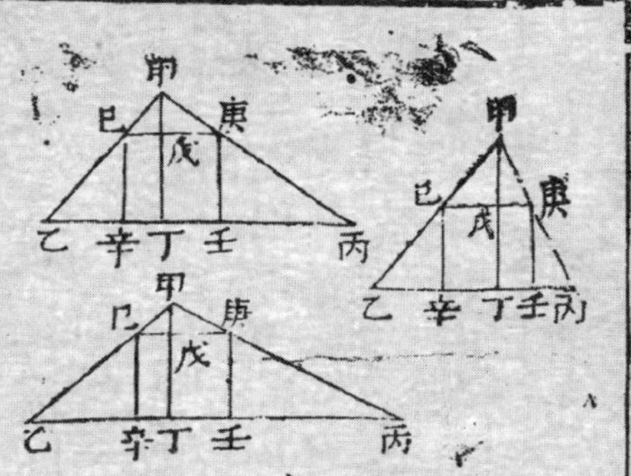

法曰。如甲乙丙鋭角形。求作内切直角方形。先從甲角作甲丁爲乙丙之垂線。次以甲丁線兩分于戊。令甲戊與戊丁之比例若甲丁與乙丙（本篇十增題）末從戊作巳庚線。與乙丙平行。從巳從庚作巳辛庚壬兩線。皆與戊丁平行。即得巳壬形。如所求。若直角鈍角形。則從直角鈍角作垂線。餘法同（如第二第三圖是）

論曰。巳戊庚線。既與乙丙平行。即乙丁與丁丙。若巳戊與戊庚也（本篇四之增題）合之。即乙丙與丁丙。若巳庚與

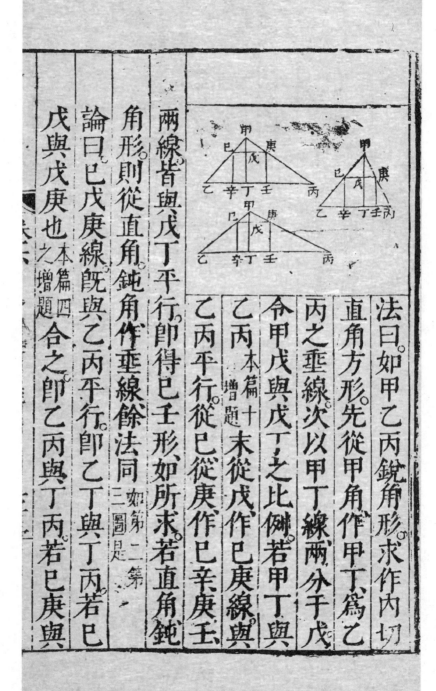

戊庚也。又丁丙與甲丁。若戊庚與甲戊（甲丁丙、與甲戊庚、爲等角形。故見本篇四之系）平之。即乙丙與甲丁。若巳庚與甲戊也。又甲丁與乙丙。若甲戊與戊丁。平之。即乙丙與乙丙。若巳庚與戊丁。也。乙丙與乙丙同線。必等。即巳庚

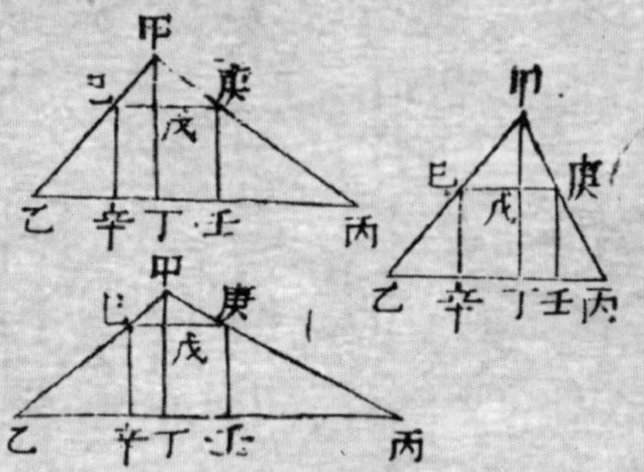

與戊丁必等。而巳庚與辛壬又等（一卷卅四）戊丁與巳辛庚壬亦等。則巳庚、庚壬、壬辛、辛巳、四邊俱等。又戊丁辛既直角。即巳辛丁亦直角（一卷廿九）其餘亦皆直角。而巳壬爲直角方形

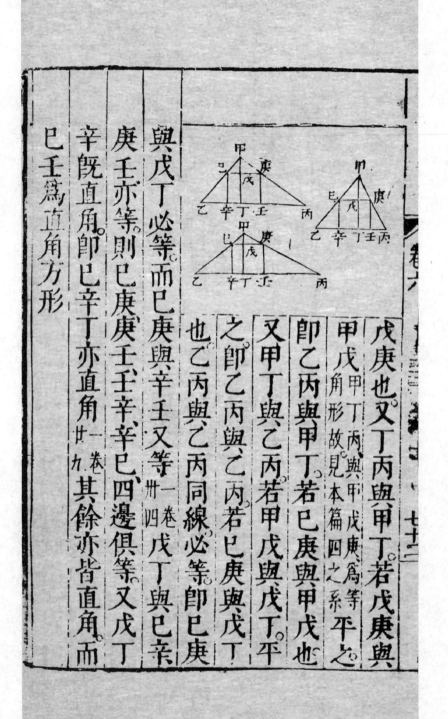

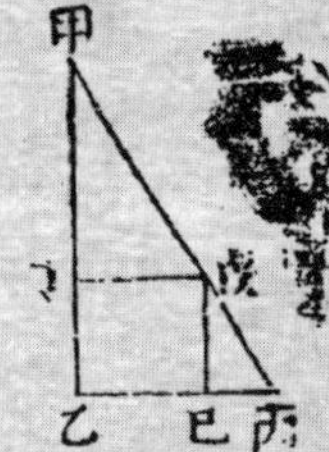

又法曰若直角三邊形求依乙角作內切直角方形則以垂線甲乙兩分于丁令甲丁與丁乙之比例若甲乙與乙丙（本篇十）次從丁作丁戊直線與乙丙平行從戊作戊巳直線與甲乙平行即得丁巳形如所求

論曰乙丙與甲乙既若丁戊與甲丁（甲乙丙甲丁戊爲等角形故見本篇四之系）而甲乙與乙丙又若甲丁與丁乙平之即乙丙與乙丙若丁戊與丁乙也乙丙與乙丙同線必等即丁戊與丁乙必等而丁巳爲直角方形

今附如上三邊直角形依乙角作內切直角方形其

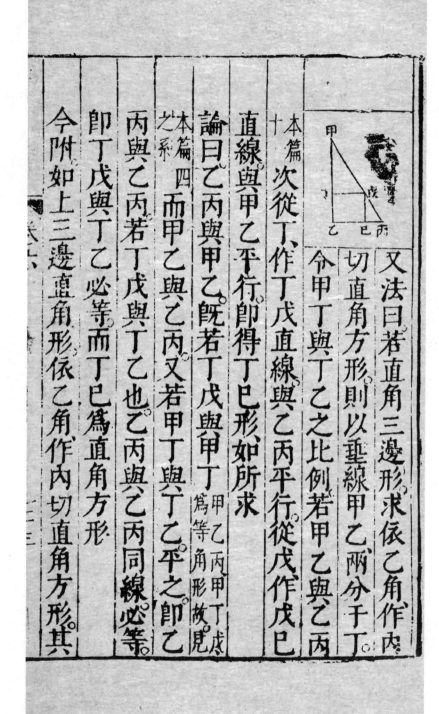

方形邊必爲甲丁巳丙兩分餘邊之中率。何者。甲丁與丁戊若戊巳與巳丙故本篇四之系

幾何原本第六卷終